目 录

第一章　一元函数的极限与连续

第一节　初等函数

1. 求下列函数的定义域：

（1）$y=\frac{1}{x}-\sqrt{4-x^2}$；　　（2）$y=\ln(2-x)+\sqrt{x+1}$；

（3）$y=\arcsin(x-1)$；　　（4）$y=\sqrt{1-2x}+3\arccos\frac{3x-1}{2}$.

2. 判断下列各题中的函数 $f(x)$ 和 $g(x)$ 是否表示同一函数，为什么？

（1）$f(x)=x, g(x)=\sqrt{x^2}$；　　（2）$f(x)=\ln\sqrt{x}, g(x)=\frac{1}{2}\ln x$.

3. 设 $f(u)$的定义域为$[0,1]$,求下列复合函数的定义域：

(1) $f(x^2)$；

(2) $f(x+a)$；

(3) $f(\ln x)$；

(4) $f(\sin 2x)$.

4. 设函数 $f(x)=\begin{cases}2+x, & x\leqslant 0,\\ 2^x, & x>0,\end{cases}$ 求 $f(-3),f(0),f(1)$.

5. 下列函数由哪些函数复合而成?

(1) $y=(1-2x)^3$；

(2) $y=\ln\cos x$.

6. 设函数 $f(x)=\begin{cases} x^2, & 0\leqslant x<1, \\ 1, & 1\leqslant x<2, \\ 4-x, & 2\leqslant x\leqslant 4. \end{cases}$

(1) 画出函数 $f(x)$ 的图形；

(2) 求 $f(0), f\left(\frac{1}{2}\right), f(2), f(3)$.

7. 设旅客乘坐火车时，如随身携带的物品不超过 20 kg，则免费；超过 20 kg 部分，每千克收费 0.50 元；超过 50 kg 的部分，每千克再加收 50% 的费用. 试列出所收费用与物品质量的函数关系.

第二节　函数的极限

1. 观察下列数列的变化趋势，判断哪些数列有极限，哪些没有极限.

(1) $x_n=\dfrac{n}{n+1}$；　　(2) $x_n=\dfrac{1}{n}\cos\dfrac{n\pi}{2}$；

(3) $x_n=(-1)^n n$；　　(4) $x_n=\begin{cases}1, & n\text{ 为偶数},\\ \dfrac{1}{n}, & n\text{ 为奇数}.\end{cases}$

2. 设函数 $f(x)=\begin{cases}x^2, & 0\leqslant x<1,\\ 2-x, & 1\leqslant x\leqslant 2,\end{cases}$ 求 $\lim\limits_{x\to 1^-}f(x)$，$\lim\limits_{x\to 1^+}f(x)$ 及 $\lim\limits_{x\to 1}f(x)$.

3. 设函数 $f(x)=\begin{cases}x+1, & x<1,\\ 2x-1, & x\geqslant 1,\end{cases}$ 判断 $\lim\limits_{x\to 1}f(x)$ 是否存在.

4. 设函数 $f(x)=\frac{|x|}{x}$，求 $\lim\limits_{x\to0^-}f(x)$ 和 $\lim\limits_{x\to0^+}f(x)$，并判断 $\lim\limits_{x\to0}f(x)$ 是否存在.

5. 设函数 $f(x)=\arctan\frac{1}{x}$，判断 $\lim\limits_{x\to0}f(x)$ 是否存在.

第三节　函数极限的运算法则

1. 利用无穷小的性质，求下列极限：

(1) $\lim\limits_{x\to\infty}\frac{\cos x}{x}$；　　(2) $\lim\limits_{x\to0}x\arctan\frac{1}{x}$.

2. 求下列函数的极限：

(1) $\lim\limits_{x\to1}\frac{x^2+x+1}{x+2}$；　　(2) $\lim\limits_{x\to0}\left(2+\frac{x^2-x+2}{x-1}\right)$；

(3) $\lim\limits_{x\to1}\frac{x^2-2x+1}{x^3-x}$；　　(4) $\lim\limits_{x\to4}\frac{\sqrt{2x+1}-3}{\sqrt{x}-2}$；

(5) $\lim\limits_{x\to 2}\left(\frac{1}{x-2}-\frac{4}{x^2-4}\right)$；

(6) $\lim\limits_{x\to -1}\frac{x}{(x+1)^2}$；

(7) $\lim\limits_{x\to\infty}\left(2+\frac{1}{x}-\frac{2}{x^2}\right)$；

(8) $\lim\limits_{n\to\infty}\left(1+\frac{1}{2}+\frac{1}{4}+\cdots+\frac{1}{2^n}\right)$；

(9) $\lim\limits_{n\to\infty}\left(\frac{1+2+3+\cdots+n}{n+2}-\frac{n}{2}\right)$；

(10) $\lim\limits_{x\to+\infty}(\sqrt{x+5}-\sqrt{x})$；

(11) $\lim\limits_{x\to\infty}\frac{x^2+4x+5}{x+1}$；

(12) $\lim\limits_{x\to\infty}\frac{x^2-6x+8}{4x^2-5x+4}$.

3. 已知极限$\lim\limits_{x\to\infty}\left(\frac{4x^2+3}{x-1}+ax+b\right)=0$,求常数 a,b.

第四节　两个重要极限　无穷小的比较

1. 求下列各极限：

(1) $\lim\limits_{x\to 0}\dfrac{\sin 3x}{x}$；

(2) $\lim\limits_{x\to 0}\dfrac{\sin 2x}{\tan 5x}$；

(3) $\lim\limits_{x\to +\infty} 2^x\sin\dfrac{1}{2^x}$；

(4) $\lim\limits_{x\to 0}(1+2x)^{\frac{1}{x}}$；

(5) $\lim\limits_{x\to\infty}\left(1+\dfrac{1}{x}\right)^{x+1}$；

(6) $\lim\limits_{x\to\infty}\left(\dfrac{x+1}{x-2}\right)^{x}$.

2. 比较下列无穷小：

(1) 当 $x\to 0$ 时，$\sqrt{1+x}-1$ 与 x；

(2) 当 $x\to 0$ 时，$\sqrt{1+x}-\sqrt{1-x}$ 与 x；

3. 利用等价无穷小替换求下列极限：

(1) $\lim\limits_{x\to 0}\dfrac{\arcsin 3x}{2x}$；

(2) $\lim\limits_{x\to 0}\dfrac{1-\cos 2x}{x\sin x}$；

(3) $\lim\limits_{x\to 0}\dfrac{\sqrt{1+x+x^2}-1}{\sin 2x}$；

(4) $\lim\limits_{x\to 0}\dfrac{(e^x-1)\sin x}{1-\cos x}$；

(5) $\lim\limits_{x\to 0}\dfrac{\tan x-\sin x}{\ln(1+x^3)}$；

(6) $\lim\limits_{x\to 0}\dfrac{1}{\sqrt{x}}(e^{\sqrt{x}}-1)$.

第五节　函数的连续性

1. 设函数 $f(x)=\begin{cases}2x, & 0\leqslant x<1,\\ 2-x, & 1\leqslant x\leqslant 2.\end{cases}$ 问 $f(x)$是否有间断点？若有，确定其类型，并求$f(x)$的连续区间.

2. 设函数 $f(x)=\begin{cases}(1-x)^{\frac{1}{x}}, & x\neq 0,\\ k, & x=0\end{cases}$ 在点 $x=0$ 处连续，求常数 k.

3. 设函数 $f(x)=\begin{cases}\dfrac{x^2-16}{x-4}, & x\neq 4,\\ a, & x=4\end{cases}$ 为连续函数，求常数 a.

4. 求下列函数的间断点，并判断其类型：

(1) $y=\dfrac{x^2-1}{x-1}$；　　(2) $y=\dfrac{x^2-1}{x^2-3x+2}$.

5. 利用连续性，求下列函数的极限：

(1) $\lim\limits_{x\to\frac{\pi}{9}}\ln(2\sin 3x)$；　　(2) $\lim\limits_{x\to 0}\dfrac{x}{\sqrt{x+1}-1}$；

(3) $\lim\limits_{x\to 0}\dfrac{\tan x}{2x}$；　　(4) $\lim\limits_{x\to+\infty}(\sqrt{x^2+1}-\sqrt{x^2-1})$.

6. 证明：方程 $x^3+3x^2-1=0$ 在开区间 $(0,1)$ 内至少有一个根.

本章选择题

第二章　导数与微分

第一节　导数的概念

1. 根据导数的定义求下列函数的导数：

(1) 设 $y=1-x^2$，求 $y'(0)$；

(2) 设 $y=mx+b$（m,b 为常数），求 $y'(1)$；

(3) 设 $y=\cos x$，求 $\left.\frac{\mathrm{d}y}{\mathrm{d}x}\right|_{x=\frac{\pi}{2}}$.

2. 设 $f'(x_0)$ 存在，而且 $\lim\limits_{h\to 0}\frac{f(x_0)-f(x_0+2h)}{6h}=3$，求 $f'(x_0)$.

3. 设一物体的运动方程为 $s=t^3+12$，求该物体在 $t=3$ 时的瞬时速度.

4. 函数 $f(x)=\begin{cases}x^2+1, & 0\leqslant x<1,\\ 3x-1, & x\geqslant 1\end{cases}$ 在点 $x=1$ 处是否可导？为什么？

5. 设 $f(x)=\begin{cases}x^2\sin\dfrac{1}{x}, & x\neq 0,\\ 0, & x=0,\end{cases}$ 讨论函数 $f(x)$ 在点 $x=0$ 处的连续性与可导性.

6. 求下列各函数的导数(其中 a,b,m,n 为常量)：

(1) 已知 $y=x^9$，$y=x^a\cdot x^b$，$y=(\sqrt[n]{x})^m$，求 y'；

(2) 已知 $y=\lg x$，$y=\log_9 x$，求 y'.

第二节　导数的基本公式和运算法则

1. 求下列函数的导数：

(1) $y=3x^2-2x+4$；

(2) $y=2\sqrt{x}-\dfrac{6}{x}+\pi$；

(3) $y=\frac{x^5+\sqrt{x}+3}{x^3}$;

(4) $y=\frac{x^2}{2}+\frac{2}{x^2}$.

2. 求下列函数的导数：

(1) $y=x^2\cdot e^x$;

(2) $y=\frac{1}{1-\sqrt{x}}+\frac{1}{1+\sqrt{x}}$;

(3) $y=\frac{\sin x}{x}$;

(4) $y=\frac{\ln x+1}{x}$;

(5) $y=\frac{3^x-1}{x^3+1}$;

(6) $y=x\sin x\ln x$.

3. 在曲线 $y=\frac{1}{1+x^2}$ 上求一点，使通过该点的切线平行于 x 轴.

4. 试确定 a 的值，使曲线 $y=ax^2$ 与 $y=\ln x$ 相切.

5. 下列命题是否正确？若正确，说明理由；若不正确，举例说明.

（1）初等函数在它的定义域内一定是可导的；

（2）若曲线 $y=f(x)$ 上处处有切线，则函数 $f(x)$ 一定处处可导.

6. 求下列函数的导数：

（1）$y=\sin\left(\frac{\pi}{5}-x\right)$；

（2）$y=(3x+8)^6$；

（3）$y=\tan(x^2+3)$；

（4）$y=\sin^3 2x$；

（5）$y=\frac{1}{2}\ln\frac{1-x^2}{1+x^2}$；

（6）$y=\arctan\frac{x-1}{x+1}$；

（7）$y=\cos^3\frac{x}{2}$；

（8）$y=x^2\sin\frac{1}{x}$；

(9) $y=x\sqrt{1-x^2}+\arcsin x$；

(10) $y=\dfrac{\arcsin x}{\sqrt{1-x^2}}$；

(11) $y=x^2\cdot e^{-2x}\cdot\sin 3x$；

(12) $y=\dfrac{1}{\cos^n x}$；

(13) $y=\ln(\sec x+\tan x)$；

(14) $y=\sqrt{1+\ln^2 x}$；

(15) $y=5^{x\ln x}$；

(16) $y=\left(\arcsin\dfrac{x}{3}\right)^5$；

(17) $y=\arctan e^x$；

(18) $y=\ln[\ln(\ln x)]$.

7. 设 $y=f(x)=\frac{1}{\sqrt{2\pi}\sigma}e^{-\frac{(x-a)^2}{2\sigma^2}}$（$a,\sigma$ 是常量，$\sigma>0$），求 $f'(a)$.

8. 求下列方程所确定的隐函数的导数$\frac{\mathrm{d}y}{\mathrm{d}x}$：

（1）$e^{xy}+y\ln x=\cos 2x$；

（2）$\arctan\frac{y}{x}=\ln\sqrt{x^2+y^2}$；

（3）$\frac{x}{y}=\ln(xy)$；

（4）$2x^2y-xy^2+y^3=0$.

9. 已知 $y\sin x-\cos(x+y)=0$，求$\frac{\mathrm{d}y}{\mathrm{d}x}$在点$\left(0,\frac{\pi}{2}\right)$处的值.

10. 用对数求导法求下列各函数的导数：

(1) $y=x\sqrt{\dfrac{1-x}{1+x}}$；

(2) $y=(\cos x)^{\sin x}$；

(3) $y=\dfrac{x^2}{1-x}\sqrt[3]{\dfrac{5-x}{(3+x)^2}}$；

(4) $y=2x^{\sqrt{x}}$.

11. 求下列各函数的高阶导数：

(1) $y=\sin^2 x$，求 y''；

(2) $y=\ln(x-\sqrt{x^2-a^2})(a\neq 0)$，求 y''；

(3) $y=\mathrm{e}^{-x}\cos 2x$，求 y''；

(4) $y=\dfrac{x^2}{\sqrt{1+x^2}}$，求 y''；

(5) $y=x\cos x$，求 $y''\left(\dfrac{\pi}{2}\right)$；

(6) $y=x^3\ln x$，求 $y^{(4)}$；

(7) $y=\frac{1}{1-x}$,求 $y^{(n)}$;

(8) $y^{(n-2)}=\frac{x}{\ln x}$,求 $y^{(n)}$.

第三节　微分的概念

1. 求下列各函数的微分:

(1) $y=\sqrt{1-x^2}$;

(2) $y=3x^2$;

(3) $y=\frac{x}{1+x^2}$;

(4) $y=\arcsin\sqrt{x}$.

2. 利用微分求近似值:

(1) $\ln 1.01$;

(2) $\sin 29°$;

（3）$\dfrac{1}{\sqrt{99.9}}$；　　（4）$e^{0.02}$.

3. 扩音器插头为圆柱形，截面半径 r 为 0.15 cm，长度 l 为 4 cm. 为了提高它的导电性能，必须在圆柱的侧面上镀上一层厚为 0.001 cm 的纯铜，问约需要多少克纯铜？（铜的密度为 8.9 g/cm^3）

4. 已知质点的运动方程为$\begin{cases} x=2t^2+4, \\ y=3t^2-3. \end{cases}$

（1）问质点在什么曲线上运动？　（2）计算质点在时刻 t 的速度和加速度.

5. 问曲线$\begin{cases} x=t-\sin t, \\ y=1-\cos t \end{cases}$ $(t\in[0,2\pi])$上是否存在斜率为 -1 的切线？若存在，则求出切点.

本章选择题

第三章　微分学的应用

第一节　微分中值定理

1. 下列函数在所给区间上是否满足罗尔定理的条件？如果满足，则求出定理中的 ξ.

(1) $f(x)=\frac{1}{1+x^2}$，$[-2,2]$；　　(2) $f(x)=2x^2-x-3$，$[-1,1.5]$.

2. 下列函数在所给区间上是否满足拉格朗日中值定理的条件？如果满足，则求出定理中的 ξ.

(1) $f(x)=\ln x$，$[1,2]$；　　(2) $f(x)=x^3-5x^2+x-2$，$[-1,0]$.

3. 设 $a>b>0$，证明：$\frac{a-b}{a}<\ln\frac{a}{b}<\frac{a-b}{b}$.

4. 不求出函数 $f(x)=(x-1)(x-2)(x-3)(x-4)$ 的导数，说明方程 $f'(x)=0$ 有几个实根，并指出它们所在的区间.

第二节　洛必达法则

用洛必达法则求下列极限：

(1) $\lim\limits_{x \to 1} \dfrac{\ln x}{x-1}$；

(2) $\lim\limits_{x \to \pi} \dfrac{\sin 3x}{\tan 5x}$；

(3) $\lim\limits_{x \to 0} x^2 \cdot e^{\frac{1}{x^2}}$；

(4) $\lim\limits_{x \to 0} \dfrac{\arctan x}{x}$；

(5) $\lim\limits_{x \to 0} \left(\dfrac{1}{x} - \dfrac{1}{e^x - 1}\right)$；

(6) $\lim\limits_{x \to 0} \dfrac{e^x - e^{-x}}{x}$；

(7) $\lim\limits_{x \to 1} \dfrac{x^3 - 3x^2 + 2}{x^3 - x^2 - x + 1}$；

(8) $\lim\limits_{x \to 0^+} \dfrac{x^{10} - 1}{x^3 - 1}$；

(9) $\lim\limits_{x \to 0^+} \left(\dfrac{1}{x}\right)^{\tan x}$；

(10) $\lim\limits_{x \to 0^+} x^{\sin x}$.

第三节　函数的单调性与极值

1. 证明下列不等式：

（1）$\arctan x-x\leqslant 0, x\geqslant 0$；

（2）$\cos x-1+\frac{x^2}{2}>0, x>0$.

2. 求下列函数的单调区间：

（1）$y=x-e^x$；

（2）$y=2x^2-\ln x$；

（3）$y=\arctan x-x$；

（4）$y=\frac{x^2}{1+x^2}$.

3. 求下列函数的极值：

（1）$y=x-\ln(1+x)$；

（2）$y=x+\sqrt{1-x}$；

（3）$y=x^2\ln x$；

（4）$y=x^2e^{-x}$；

(5) $y=3-2(x+1)^{\frac{1}{3}}$；　　(6) $y=\arctan x-\frac{1}{2}\ln(1+x^2)$.

4. 求下列函数在给定区间上的最大值和最小值：

(1) $y=3x^4-16x^3+30x^2-24x+4,[0,3]$；

(2) $y=\sin^3 x+\cos^3 x,\left[-\frac{\pi}{4},\frac{3\pi}{4}\right]$；

(3) $y=x+\frac{1}{x},[0.01,100]$；

(4) $y=\frac{x^2}{1+x},\left[-\frac{1}{2},1\right]$.

5. 把边长为 a 的正方形铁皮四角各剪去一个大小相同的正方形，而后把四边折起，做成一个无盖方盒. 问剪掉的小正方形的边长为多少时，方盒的容积最大？

6. 圆桌中心的正上方装有一只电灯泡，已知圆桌的半径为 a，问灯泡离桌面多高时，可以使桌面边沿的亮度最大？$\left(\text{提示：照度 } J=C\cdot\dfrac{\sin\varphi}{r^2}, C \text{ 为常数}\right)$

7. 把一根直径为 d 的圆柱形木材加工成横截面为矩形的梁，若矩形的高为 y、宽为 x，则梁的强度与 xy^2 成正比，问矩形截面的高与宽成什么比例时梁的强度最大？

8. 一炮艇停泊在距海岸（设其为直线）9 km 处，然后派人送信给设在海岸线上距该艇 $3\sqrt{34}$ km 的司令部，若送信人步行速率为 5 km/h，划船速率为 4 km/h，问他在何处上岸，到达司令部的时间最短？

9. 若火车每小时所耗燃料费用与火车速度的立方成正比. 已知火车速度为 20 km/h 时，每小时的燃料费用为 40 元，其他费用为每小时 200 元，求最经济的行驶速度.

第四节　曲线的凹凸性与拐点

1. 求下列各函数的凹凸区间和拐点：

（1）$y=x^3-6x^2+9x+1$；　　（2）$y=x^4$；

（3）$y=(x-2)^{\frac{5}{3}}$；　　（4）$y=xe^x$.

2. 求下列曲线的渐近线：

（1）$y=\frac{1}{(x+3)^2}$；　　（2）$y=\frac{e^x}{1+x}$；

（3）$y=\ln x$；　　（4）$y=\frac{\ln x}{\sqrt{x}}$.

3. 描绘下列函数的图形：

（1）$y=3x^2-x^3$；　　（2）$y=\ln(x^2-1)$；

（3）$y=\frac{x^2}{1+x}$；　　（4）$y=x^2+\frac{1}{x}$.

第五节　曲率*

1. 求下列曲线的弧微分：

(1) $y=\sin x$；

(2) $\begin{cases}x=a\cos^3 t,\\ y=a\sin^3 t\end{cases}$ $(a>0)$.

2. 求下列曲线在指定点的曲率：

(1) $y=x^2+x$ 在原点处；

(2) $\begin{cases}x=a\cos t,\\ y=b\sin t\end{cases}$ $(a,b>0)$在 $t=\dfrac{\pi}{2}$处.

3. 求曲线 $y=x^2$ 上曲率最大的点.

4. 选择 a,b,c,使抛物线 $y=ax^2+bx+c$ 在 $x=0$ 处与曲线 $y=e^x$ 有相同的切线和曲率半径.

本章选择题

第四章 不定积分

第一节 不定积分的概念与性质

1. 求下列不定积分：

(1) $\int\left(\frac{4}{\sqrt{x}}-\frac{x\sqrt{x}}{4}\right)\mathrm{d}x$；

(2) $\int\sqrt{x\sqrt{x\sqrt{x}}}\,\mathrm{d}x$；

(3) $\int\frac{1}{\sqrt{2gh}}\,\mathrm{d}h$（$g$ 是常数）；

(4) $\int\left(\frac{1-x}{x}\right)^2\mathrm{d}x$；

(5) $\int\frac{3x^4+3x^2+1}{x^2+1}\mathrm{d}x$；

(6) $\int\frac{1}{x^2(x^2+1)}\mathrm{d}x$；

(7) $\int 3^x\mathrm{e}^x\,\mathrm{d}x$；

(8) $\int(10^x+x^{10})\,\mathrm{d}x$；

(9) $\int \frac{3 \cdot 2^x + 4 \cdot 3^x}{2^x} \mathrm{d}x$；　　(10) $\int \frac{\mathrm{e}^{3x} + 1}{\mathrm{e}^x + 1} \mathrm{d}x$；

(11) $\int \frac{\cos 2x}{\cos x - \sin x} \mathrm{d}x$；　　(12) $\int \sec x(\sec x - \tan x) \mathrm{d}x$；

(13) $\int \sqrt{1 + \sin 2x}\, \mathrm{d}x$；　　(14) $\int \frac{1}{1 + \cos 2x} \mathrm{d}x$；

(15) $\int \sin x\left(2\csc x - \cot x + \frac{1}{\sin^3 x}\right) \mathrm{d}x$.

2. 已知一曲线通过点(e^2,3)，且其上任一点的切线的斜率等于该点横坐标的倒数，求该曲线的方程.

3. 一物体由静止开始运动，经 t s 后的速度是 $3t^2$ m/s，求：

（1）3 s 后物体离开出发点的距离；

（2）物体走完 360 m 所需要的时间.

第二节　换元积分法

1. 在下列各式的横线上填入适当的系数，使等式成立：

（1）$dx=$________ $d(7x-3)$；

（2）$xdx=$________ $d(3x^2+1)$；

（3）$x^2dx=$________ $d(1-2x^3)$；

（4）$\frac{1}{x^2}dx=$________ $d\left(1+\frac{2}{x}\right)$；

（5）$\frac{1}{\sqrt{x}}dx=$________ $d(\sqrt{x}-1)$；

（6）$\frac{1}{x}dx=$________ $d(4-5\ln|x|)$；

（7）$xe^{x^2}dx=$________ $d(e^{x^2})$；

（8）$\sec^2 5xdx=$________ $d(\tan 5x)$；

（9）$\frac{1}{\sqrt{1-4x^2}}dx=$________ $d(\arcsin 2x)$；

（10）$\frac{1}{4+x^2}dx=$________ $d\left(\arctan\frac{x}{2}\right)$；

（11）$\frac{x}{\sqrt{1-x^2}}dx=$________ $d(\sqrt{1-x^2})$.

2. 求下列不定积分：

（1）$\int\sqrt{3+4x}dx$；

（2）$\int\frac{1}{\sqrt[3]{2-3x}}dx$；

(3) $\int x\sin x^2\,dx$；　　(4) $\int x^2 e^{x^3}\,dx$；

(5) $\int \frac{\cos\sqrt{x}}{\sqrt{x}}\,dx$；　　(6) $\int \frac{\sec^2\frac{1}{x}}{x^2}\,dx$；

(7) $\int \frac{x^2}{(4+x^3)^2}\,dx$；　　(8) $\int \frac{1}{\sqrt{x}(1+x)}\,dx$；

(9) $\int \frac{e^x}{2+e^x}\,dx$；　　(10) $\int \frac{e^{2x}-1}{e^x}\,dx$；

(11) $\int e^{e^x+x}\,dx$；　　(12) $\int 10^{-3x+2}\,dx$；

(13) $\int \frac{\ln(\ln x)}{x\ln x}\mathrm{d}x$；　　(14) $\int \frac{1}{x(1+\ln x)}\mathrm{d}x$；

(15) $\int \frac{\sqrt{1+\ln x}}{x}\mathrm{d}x$；　　(16) $\int \frac{1}{x\sqrt{1-\ln^2 x}}\mathrm{d}x$；

(17) $\int \sqrt{\frac{\arcsin x}{1-x^2}}\mathrm{d}x$；　　(18) $\int \frac{(\arctan x)^2}{1+x^2}\mathrm{d}x$；

(19) $\int \frac{1}{\cos^2 x\sqrt{1+\tan x}}\mathrm{d}x$；　　(20) $\frac{1}{1+(2x-3)^2}\mathrm{d}x$；

(21) $\int \frac{1}{x^2+6x+5}\mathrm{d}x$；　　(22) $\int \frac{2x+2}{x^2+2x-10}\mathrm{d}x$；

(23) $\int \frac{\ln\tan x}{\sin x\cos x}\mathrm{d}x$；　　(24) $\int \frac{\sec^2 x}{2+\tan^2 x}\mathrm{d}x$.

3. 求下列不定积分：

(1) $\int \cos^4 x\mathrm{d}x$；　　(2) $\int \tan^4 x\mathrm{d}x$；

(3) $\int \cos 3x\cos 4x\mathrm{d}x$；　　(4) $\int \sin^4 x\cos^3 x\mathrm{d}x$.

4. 求下列不定积分：

(1) $\int x\sqrt{x+1}\mathrm{d}x$；　　(2) $\int \frac{1}{1+\sqrt[3]{x+2}}\mathrm{d}x$；

(3) $\int \frac{1}{\sqrt{x}(1+\sqrt[3]{x})}\mathrm{d}x$；　　(4) $\int \frac{1}{\sqrt{2x+1}-\sqrt[4]{2x+1}}\mathrm{d}x$；

(5) $\int \frac{\sqrt{1+x}}{1+\sqrt{1+x}}\mathrm{d}x$；　　(6) $\int \frac{1}{x}\sqrt{\frac{1-x}{1+x}}\mathrm{d}x$.

5. 求下列不定积分：

(1) $\int \sqrt{1-x^2}\,\mathrm{d}x$；

(2) $\int \frac{1}{x\sqrt{9-x^2}}\mathrm{d}x$；

(3) $\int \frac{1}{\sqrt{4x^2+9}}\mathrm{d}x$；

(4) $\int (1+x^2)^{-\frac{3}{2}}\,\mathrm{d}x$；

(5) $\int \frac{1}{x\sqrt{x^2-1}}\mathrm{d}x$；

(6) $\int \frac{\sqrt{x^2-2}}{x}\mathrm{d}x$；

(7) $\int \frac{1}{\sqrt{1+\mathrm{e}^x}}\mathrm{d}x$；

(8) $\int \frac{\mathrm{e}^x-1}{\mathrm{e}^x+1}\mathrm{d}x$.

第三节　分部积分法

1. 求下列不定积分：

(1) $\int x\cos x\,\mathrm{d}x$；

(2) $\int \arctan x\,\mathrm{d}x$；

(3) $\int x(\arctan x)^2 \mathrm{d}x$；　　(4) $\int \ln(x+\sqrt{x^2+1})\mathrm{d}x$；

(5) $\int x\sin x\cos x\mathrm{d}x$；　　(6) $\int \sin(\ln x)\mathrm{d}x$；

(7) $\int \mathrm{e}^{3x}\cos 2x\mathrm{d}x$；　　(8) $\int (\arcsin x)^2 \mathrm{d}x$；

(9) $\int \frac{\ln\sin x}{\cos^2 x}\mathrm{d}x$；　　(10) $\int \frac{\ln\ln x}{x}\mathrm{d}x$；

(11) $\int \ln^2 x\mathrm{d}x$；　　(12) $\int \frac{\ln x}{\sqrt{x}}\mathrm{d}x$；

(13) $\int \frac{\arcsin x\mathrm{e}^{\arcsin x}}{\sqrt{1-x^2}}\mathrm{d}x$；　　(14) $\int \frac{x\mathrm{e}^{\arctan x}}{(1+x^2)^{\frac{3}{2}}}\mathrm{d}x$；

(15) $\int \cos^2 \sqrt{x} \mathrm{d}x$；

(16) $\int \frac{x\mathrm{e}^x}{\sqrt{1+\mathrm{e}^x}} \mathrm{d}x$；

(17) $\int x f''(x) \mathrm{d}x$；

(18) $\int (\ln x)^n \mathrm{d}x$（$n$ 为正整数）.

2. 已知 $f(x)$的一个原函数是$\frac{\sin x}{x}$，证明：

$$\int x f'(x) \mathrm{d}x = \cos x - \frac{2\sin x}{x} + C.$$

本章选择题

第五章　定积分及其应用

第一节　定积分的概念与性质

1. 利用定积分的几何意义与性质计算下列积分：

(1) $\int_0^3 (1+2x)\mathrm{d}x$；　　(2) $\int_{-3}^0 (1+\sqrt{9-x^2})\mathrm{d}x$.

2. 利用定积分的性质比较下列各组积分值的大小：

(1) $\int_0^1 x^2\mathrm{d}x$ 与 $\int_0^1 x^3\mathrm{d}x$；　　(2) $\int_1^2 \ln x\mathrm{d}x$ 与 $\int_1^2 \ln^2 x\mathrm{d}x$；

(3) $\int_0^{\frac{\pi}{4}} \cos x\mathrm{d}x$ 与 $\int_0^{\frac{\pi}{4}} \sin x\mathrm{d}x$；　　(4) $\int_0^1 (1+x)\mathrm{d}x$ 与 $\int_0^1 \mathrm{e}^x\mathrm{d}x$.

3. 利用定积分的性质，估计下列定积分的值：

(1) $\int_{\frac{1}{\sqrt{3}}}^{\sqrt{3}} x\arctan x\mathrm{d}x$；　　(2) $\int_{\frac{\pi}{4}}^{\frac{3\pi}{4}} (1+\sin^2 x)\mathrm{d}x$.

第二节　微积分基本公式

1. 求下列各函数的导数：

(1) $\Phi(x)=\int_0^x \sin t^2\,\mathrm{d}t$；

(2) $F(x)=\int_x^0 \frac{1}{\sqrt{2+t^2}}\mathrm{d}t$；

(3) $F(x)=\int_x^{x^2} t^2\mathrm{e}^{-t}\,\mathrm{d}t$.

2. 求由参数表达式 $x=\int_0^t \sin u\mathrm{d}u, y=\int_0^t \cos u\mathrm{d}u$ 所给定的函数 y 对 x 的导数$\frac{\mathrm{d}y}{\mathrm{d}x}$.

3. 求由 $\int_0^y \mathrm{e}^t\mathrm{d}t+\int_0^x \cos t\mathrm{d}t=0$ 所确定的隐函数 y 对 x 的导数$\frac{\mathrm{d}y}{\mathrm{d}x}$.

4. 求下列极限：

(1) $\lim\limits_{x\to 0}\frac{\int_0^x \ln(1+t)\mathrm{d}t}{x^2}$；

(2) $\lim\limits_{x\to 0}\frac{\left(\int_0^x \mathrm{e}^{t^2}\mathrm{d}t\right)^2}{\int_0^x t\mathrm{e}^{2t^2}\mathrm{d}t}$.

5. 当 x 为何值时，函数 $I(x)=\int_0^x te^{-t^2}\,\mathrm{d}t$ 有极值，极值为多少？

6. 计算下列定积分：

(1) $\int_1^2\left(x+\dfrac{1}{x}\right)^2\mathrm{d}x$；

(2) $\int_4^9\sqrt{x}(1+\sqrt{x})\mathrm{d}x$；

(3) $\int_0^5\dfrac{x^3}{x^2+1}\mathrm{d}x$；

(4) $\int_{-5}^{-2}\dfrac{x^4-1}{x^2+1}\mathrm{d}x$；

(5) $\int_{-1}^2|x-x^2|\mathrm{d}x$；

(6) $\int_0^{\frac{\pi}{4}}\tan^3\theta\mathrm{d}\theta$；

(7) $\int_0^1\dfrac{x\mathrm{d}x}{\sqrt{1+x^2}}$；

(8) $\int_{e^{-1}}^{e}\dfrac{|\ln x|}{x}\mathrm{d}x$；

(9) $\int_0^1 \frac{\mathrm{d}x}{x^2-x+1}$;

(10) $\int_0^1 \frac{\mathrm{d}x}{x^2+6x+9}$;

(11) $\int_{-\frac{\pi}{2}}^{\frac{\pi}{2}} \sqrt{\cos^3 x-\cos^5 x}\,\mathrm{d}x$;

(12) $\int_0^{\pi} \sqrt{1+\cos 2x}\,\mathrm{d}x$.

7. 试求一函数 $f(x)$及数 a,使对 $x>0$ 满足:

$$6+\int_a^x \frac{f(t)}{t^2}\mathrm{d}t = 2\sqrt{x}.$$

8. 已知 $xf(x)=x^3+\int_1^x f(t)\mathrm{d}t$, 求 $f'(x)$与 $f(x)$.

9. 已知 $f(\theta)=\begin{cases}\tan^2\theta, & 0\leqslant\theta\leqslant\frac{\pi}{4},\\ \sin\theta\cos^3\theta, & \frac{\pi}{4}<\theta\leqslant\frac{\pi}{2},\end{cases}$ 计算 $\int_0^{\frac{\pi}{2}} f(\theta)\mathrm{d}\theta$.

第三节　定积分的换元法与分部积分法

1. 计算下列定积分：

(1) $\int_{4}^{9} \frac{\sqrt{x}}{\sqrt{x}-1}\mathrm{d}x$；

(2) $\int_{0}^{5} \frac{1}{2x+\sqrt{3x+1}}\mathrm{d}x$；

(3) $\int_{\frac{1}{\sqrt{2}}}^{1} \frac{\sqrt{1-x^2}}{x^2}\mathrm{d}x$；

(4) $\int_{1}^{2} \frac{1}{\sqrt{x}+\sqrt[3]{x}}\mathrm{d}x$；

(5) $\int_{-2}^{\sqrt{2}} \frac{1}{\sqrt{x^2-1}}\mathrm{d}x$；

(6) $\int_{-1}^{1} \frac{1}{(1+x^2)^2}\mathrm{d}x$；

(7) $\int_{0}^{\pi}(1-\sin^3\theta)\mathrm{d}\theta$；

(8) $\int_{0}^{1} \frac{1}{\mathrm{e}^x+\mathrm{e}^{-x}}\mathrm{d}x$；

(9) $\int_{0}^{\frac{\pi}{2}} \frac{1}{1+\sin x}\mathrm{d}x$；

(10) $\int_{1}^{\mathrm{e}^2} \frac{1}{x\sqrt{1+\ln x}}\mathrm{d}x$.

2. 利用函数的奇偶性，计算下列定积分：

(1) $\int_{-\pi}^{\pi} x^4 \sin x \mathrm{d}x$；

(2) $\int_{-1}^{1} \ln(\sqrt{1+x^2}+x)\mathrm{d}x$；

(3) $\int_{-\frac{\pi}{2}}^{\frac{\pi}{2}} \cos^5\theta \mathrm{d}\theta$；

(4) $\int_{-\frac{\pi}{2}}^{\frac{\pi}{2}} \sin^8\theta \mathrm{d}\theta$；

(5) $\int_{-\frac{1}{2}}^{\frac{1}{2}} \frac{(\arcsin x)^2}{\sqrt{1-x^2}}\mathrm{d}x$；

(6) $\int_{-5}^{5} \frac{x^3\sin^2 x}{x^4+2x^2+1}\mathrm{d}x$.

3. 设 $f(x)$是连续函数，且 $\Phi(x)=\int_0^x f(t)\mathrm{d}t$. 证明：

(1) 若 $f(x)$是偶函数，则 $\Phi(x)$是奇函数；

(2) 若 $f(x)$是奇函数，则 $\Phi(x)$是偶函数.

4. 设 $f(x)$是以 l 为周期的连续函数,证明:$\int_a^{a+l} f(x)\mathrm{d}x$ 的值与 a 无关,即

$$\int_a^{a+l} f(x)\mathrm{d}x = \int_0^l f(x)\mathrm{d}x.$$

5. 证明:$\int_0^a x^3 f(x^2)\mathrm{d}x = \frac{1}{2}\int_0^{a^2} xf(x)\mathrm{d}x$.

6. 计算下列定积分:

(1) $\int_0^1 x\mathrm{e}^{2x}\mathrm{d}x$;

(2) $\int_{\mathrm{e}^{-1}}^{\mathrm{e}} |\ln x|\mathrm{d}x$;

(3) $\int_0^{2\pi} \mathrm{e}^{2x}\cos x\mathrm{d}x$;

(4) $\int_{\frac{\pi}{4}}^{\frac{\pi}{3}} \frac{x}{\sin^2 x}\mathrm{d}x$;

(5) $\int_0^{\frac{\pi^2}{4}} \cos\sqrt{x}\mathrm{d}x$;

(6) $\int_0^1 (1-x^2)^m\mathrm{d}x$, m 为正整数.

第四节　反常积分

1. 判断下列反常积分的敛散性，若收敛，则计算其值：

(1) $\int_{1}^{+\infty}\frac{1}{x^4}\mathrm{d}x$；

(2) $\int_{\mathrm{e}}^{+\infty}\frac{\ln x}{x}\mathrm{d}x$；

(3) $\int_{0}^{+\infty}\frac{1}{(x+2)(x+3)}\mathrm{d}x$；

(4) $\int_{-\infty}^{+\infty}\frac{1}{x^2+2x+2}\mathrm{d}x$；

(5) $\int_{0}^{+\infty}x^2\mathrm{e}^{-x}\mathrm{d}x$；

(6) $\int_{-\infty}^{+\infty}\mathrm{e}^{-|x|}\mathrm{d}x$.

2. 判断下列反常积分的敛散性，若收敛，则计算其值：

(1) $\int_{0}^{1}x\ln x\mathrm{d}x$；

(2) $\int_{0}^{1}\frac{1}{(1-x)^2}\mathrm{d}x$；

(3) $\int_{-1}^{1}\frac{x}{\sqrt{1-x^2}}\mathrm{d}x$；

(4) $\int_{0}^{1}\frac{\arcsin x}{\sqrt{1-x^2}}\mathrm{d}x$；

(5) $\int_1^2 \frac{x}{\sqrt{x-1}}\mathrm{d}x$；　　(6) $\int_1^{\mathrm{e}} \frac{1}{x\sqrt{1-\ln^2 x}}\mathrm{d}x$.

3. 证明：反常积分 $\int_2^{+\infty} \frac{1}{x(\ln x)^k}\mathrm{d}x$ 当 $k>1$ 时收敛，当 $k\leqslant 1$ 时发散.

第五节　定积分的应用

1. 计算下列曲线所围成的平面图形的面积：

(1) $y=\sqrt{x}, y=x$；

(2) $y=\frac{1}{2}x^2, x=1, x=3, y=0$；

(3) $y=\sin x, y=\cos x, x=0, x=2\pi$；

(4) $y=x^3, y=2x-x^2$；

(5) $y=x+5, y^2=x, y=-1, y=2$.

2. 求抛物线 $y=-x^2+4x-3$ 及其在点$(0,-3)$和点$(3,0)$处的切线所围成的图形的面积.

3. 设曲线 $y=x-x^2$ 与直线 $y=ax$ 所围成图形的面积为$\frac{9}{2}$，求参数 a.

4. 求值 c，使 $y=c$ 平分由 $y=x^2$ 和 $y=1$ 所围图形的面积.

5. 求由抛物线 $y^2=4ax$ 与过焦点的弦所围成的图形面积的最小值.

6. 求星形线

$$\begin{cases} x=a\cos^3 t, \\ y=a\sin^3 t \end{cases} \quad (0\leqslant t\leqslant 2\pi, a>0)$$

所围成的图形的面积.

7. 求下列各曲线所围成的图形的面积($a>0$)：

(1) $r=2a\cos\theta$；　　(2) $r=2a(2+\cos\theta)$；

(3) $r=a\cos 2\theta$；　　(4) $r^2=a^2\sin 2\theta$.

8. 求下列旋转体的体积：

(1) 由 $y=x^2, y=0, x=1$ 围成的图形分别绕 x 轴及 y 轴旋转；

(2) 由 $y=x^2, y^2=8x$ 围成的图形分别绕 x 轴和 y 轴旋转；

(3) 圆 $x^2+(y-5)^2=16$ 绕 x 轴旋转.

9. 一平面经过半径为 a 的圆柱体的底面中心，并与底面交成角 α(图 5-27). 求该平面截圆柱体所得的立体的体积.

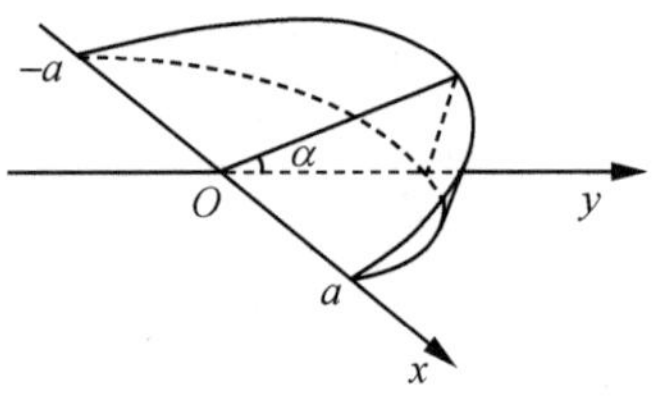

图 5-27

10. 设有一螺纹形弹簧，如果弹簧伸长 1 cm 所需的拉力为 2 N，求把该弹簧伸长 5 cm 所做的功.

11. 有一倒圆锥形蓄水池，深 15 m，口径 20 m，盛满水，欲将水抽尽，需做多少功?

12. 在一个位于坐标原点 O 处且带 $+q$ 电量的点电荷所形成的电场中，求单位正电荷沿 r 轴的方向从 $r=a$ 移动到 $r=b(a<b)$ 处时，电场力对它做的功.

13. 用铁锤将一铁钉击入木板，设木板对铁钉的阻力与铁钉击入木板的深度成正比，在铁锤击第一次时能将铁钉击入木板内 1 cm，如果铁锤每次打击铁钉所做的功相等，问铁锤击第二次时又能把铁钉击入多少厘米?

14. 把半径为 R 的空心球,由与水面相切的位置压入水中至与水面相切为止,求克服浮力所做的功.

15. 交流电路中,已知电动势 E 是时间 t 的函数 $E=E_0\sin\frac{2\pi}{T}t$,求它在半个周期,即 $\left[0,\frac{T}{2}\right]$ 上的平均电动势.

本章选择题

第六章　常微分方程

第一节　微分方程的概念

1. 下列等式中，哪些是微分方程，哪些不是微分方程？若是微分方程，指出它们的阶数：

(1) $y''+3y'+2y=0$；

(2) $y^2+3y+2=0$；

(3) $y'=3x+2$；

(4) $y^2=3x+2$；

(5) $y''=\sin x$；

(6) $y''+2x(y')^3=0$.

2. 验证下列各题中的函数是否为所给微分方程的解：

(1) $xy'=2y, y=5x^2$；

(2) $y''+y=0, y=3\sin x-4\cos x$；

(3) $y''+2y'-3y=0, y=x^2+x$;

(4) $y''-(\lambda_1+\lambda_2)y'+\lambda_1\lambda_2 y=0, y=C_1 e^{\lambda_1 x}+C_2 e^{\lambda_2 x}$($C_1, C_2$ 为任意常量).

第二节　一阶微分方程

1. 下列方程哪些是一阶线性微分方程?

(1) $\frac{dy}{dx}+2y=5e^{-x}$;

(2) $y'+y^3=0$;

(3) $\frac{dy}{dx}+4xy=2x$;

(4) $(1+x^2)y'+2xy=\sin x$;

(5) $\frac{d^2y}{dx^2}=3$;

(6) $y'=x^4$.

2. 求下列微分方程的通解：

(1) $y'=2xy$；

(2) $\frac{dy}{dx}=\sin x$；

(3) $(1+y)dx+(x-1)dy=0$；

(4) $y'\tan x=y$；

(5) $y'+2y=4x$；

(6) $y'+y=e^{-x}$；

(7) $\frac{dy}{dx}-3xy=2x$；

(8) $(1+t^2)ds-2tsdt=(1+t^2)^2dt$.

3. 求下列微分方程满足初始条件的特解：

(1) $xy'-y=0, y|_{x=1}=2$；

(2) $y'-y=\cos x, y|_{x=0}=0$；

(3) $y'-y=2xe^{2x}, y|_{x=0}=1$；

(4) $y'+\frac{1-2x}{x^2}y=1, y|_{x=1}=0$.

4. 若 $y_1(x)$，$y_2(x)$分别是方程 $y'+p(x)y=f_1(x)$ 与 $y'+p(x)y=f_2(x)$的一个解，试证明：$y=y_1(x)+y_2(x)$是方程 $y'+p(x)y=f_1(x)+f_2(x)$的解.

第三节　可降阶的高阶微分方程

1. 求方程 $y''=\sin x$ 的通解.

2. 求方程$(1+x^2)y''=2xy'$的通解.

3. 求方程 $y\frac{\mathrm{d}^2y}{\mathrm{d}x^2}+\left(\frac{\mathrm{d}y}{\mathrm{d}x}\right)^2=0$ 的通解.

第四节　二阶常系数线性微分方程

1. 求下列微分方程的特征根：

(1) $y''+6y'+5y=0$；

(2) $y''-6y'+9y=0$；

(3) $y''+5y'=0$；　　　　(4) $y''+4y=0$.

2. 求下列微分方程的通解：

(1) $y''-4y=0$；　　　　(2) $y''+4y'+4y=0$；

(3) $y''+4y'+13y=0$.

3. 求下列微分方程满足初始条件的特解：

(1) $y''-4y'+3y=0, y|_{x=0}=6, y'|_{x=0}=10$；

(2) $4y''+4y'+y=0, y|_{x=0}=2, y'|_{x=0}=0$.

4. 求下列微分方程的一个特解：

(1) $y''+2y'+5y=5x+2$；　　　　(2) $2y''+y'-y=2e^x$；

(3) $y''+3y=2\sin x$;

(4) $y''-3y'+2y=3xe^{2x}$;

(5) $y''-5y'+6y=7$.

5. 求下列微分方程的通解：

(1) $2y''+5y'=5x^2-2x-1$;

(2) $y''-2y'-3y=(x+1)e^x$;

(3) $y''-y'+\frac{1}{4}y=5e^{\frac{x}{2}}$;

(4) $x''=4\sin 2t$.

6. 求下列微分方程满足初始条件的特解：

(1) $y''+y'-2y=2x, y|_{x=0}=0, y'|_{x=0}=3$;

(2) $4y''+16y'+15y=4e^{-\frac{3}{2}x}, y|_{x=0}=3, y'|_{x=0}=\frac{11}{2}$;

(3) $y''-y=4xe^x, y|_{x=0}=0, y'|_{x=0}=1$;

(4) $y''+y=\sin x, y|_{x=\frac{\pi}{2}}=0, y'|_{x=\frac{\pi}{2}}=0$.

本章选择题

第七章　空间解析几何初步

第一节　空间直角坐标系与向量的运算

1. 已知平行四边形 $ABCD$，其对角线交点为 M，又 $\overrightarrow{AB}=\boldsymbol{a}$，$\overrightarrow{BC}=\boldsymbol{b}$，试用向量 $\boldsymbol{a}$，$\boldsymbol{b}$ 表示向量 $\overrightarrow{AC}$，$\overrightarrow{BD}$，$\overrightarrow{MA}$，$\overrightarrow{MB}$，$\overrightarrow{MC}$，$\overrightarrow{MD}$.

2. 试用向量证明：三角形两边中点的连线平行且等于第三边的一半.

3. 已知向量 $\boldsymbol{a}=\{3,5,-1\}$，$\boldsymbol{b}=\{2,2,2\}$，$\boldsymbol{c}=\{4,-1,-3\}$，求：

(1) $2\boldsymbol{a}-3\boldsymbol{b}+4\boldsymbol{c}$；　　(2) $m\boldsymbol{a}+n\boldsymbol{b}$（$m$，$n$ 为常数）.

4. 求下列各向量的模、方向余弦以及它们同方向的单位向量：

(1) $\boldsymbol{a}=2\boldsymbol{i}+2\boldsymbol{j}-\boldsymbol{k}$；　　(2) $\boldsymbol{b}=\boldsymbol{i}+\boldsymbol{j}+\boldsymbol{k}$.

5. 已知 $A(-1,2,3)$，$B(5,-3,4)$，$C(2,1,6)$，试求向量$\overrightarrow{AB}$，$\overrightarrow{BC}$，$\overrightarrow{CA}$的坐标，并验证：

$$\overrightarrow{AB}+\overrightarrow{BC}+\overrightarrow{CA}=\mathbf{0}.$$

6. 已知 $M_1(-1,1,0)$，$M_2(0,-1,2)$，求向量$\overrightarrow{M_1M_2}$及其方向余弦.

7. 三个力 $\boldsymbol{F}_1=\boldsymbol{i}+2\boldsymbol{j}+3\boldsymbol{k}$，$\boldsymbol{F}_2=-2\boldsymbol{i}+3\boldsymbol{j}-4\boldsymbol{k}$ 和 $\boldsymbol{F}_3=3\boldsymbol{i}-4\boldsymbol{j}+5\boldsymbol{k}$ 作用于一点，求合力 $\boldsymbol{F}$ 的大小与方向余弦.

8. 已知向量 $\boldsymbol{a}=2\boldsymbol{i}+3\boldsymbol{j}+4\boldsymbol{k}$ 的始点为$(1,-1,5)$，求向量 $\boldsymbol{a}$ 的终点坐标.

第二节　向量的数量积与向量积

1. 已知 $|\boldsymbol{a}|=2$，$|\boldsymbol{b}|=1$，$(\widehat{\boldsymbol{a},\boldsymbol{b}})=\frac{\pi}{3}$. 求：

(1) $\boldsymbol{a}\cdot\boldsymbol{b}$；

(2) $\boldsymbol{a}\cdot\boldsymbol{a}$；

(3) $(2\boldsymbol{a}+3\boldsymbol{b})\cdot(2\boldsymbol{a}-3\boldsymbol{b})$.

2. 已知 $\boldsymbol{a}=4\boldsymbol{i}-2\boldsymbol{j}-4\boldsymbol{k}$，$\boldsymbol{b}=6\boldsymbol{i}-3\boldsymbol{j}+2\boldsymbol{k}$. 求：

(1) $\boldsymbol{a}\cdot\boldsymbol{b}$；

(2) $\boldsymbol{a}\cdot\boldsymbol{a}$；

(3) $(3\boldsymbol{a}-2\boldsymbol{b})\cdot(\boldsymbol{a}+3\boldsymbol{b})$.

3. 已知四点 $A(1,2,3)$，$B(5,-1,7)$，$C(1,1,1)$，$D(3,3,2)$. 求：

(1) $\overrightarrow{AB}\cdot\overrightarrow{CD}$；

(2) $\cos(\widehat{\overrightarrow{AB},\overrightarrow{CD}})$.

4. 证明：向量 $\boldsymbol{a}=3\boldsymbol{i}-2\boldsymbol{j}+\boldsymbol{k}$ 和向量 $\boldsymbol{b}=4\boldsymbol{i}+9\boldsymbol{j}+6\boldsymbol{k}$ 互相垂直.

5. 求向量 $\boldsymbol{a}=\boldsymbol{i}+\boldsymbol{j}-4\boldsymbol{k}$ 与 $\boldsymbol{b}=\boldsymbol{i}-2\boldsymbol{j}+2\boldsymbol{k}$ 的夹角 $(\widehat{\boldsymbol{a},\boldsymbol{b}})$.

6. 在 xOy 坐标面上求一向量 $\boldsymbol{a}$，使其垂直于向量 $\boldsymbol{b}=4\boldsymbol{i}-3\boldsymbol{j}+5\boldsymbol{k}$，且 $|\boldsymbol{a}|=2|\boldsymbol{b}|$.

7. 设 $\boldsymbol{a}=2\boldsymbol{i}-\boldsymbol{j}+\boldsymbol{k}$，$\boldsymbol{b}=\boldsymbol{i}+2\boldsymbol{j}-\boldsymbol{k}$，求：

(1) $\boldsymbol{a}\times\boldsymbol{b}$；　　(2) $(\boldsymbol{a}+\boldsymbol{b})\times(\boldsymbol{a}-\boldsymbol{b})$；

8. 已知 $|\boldsymbol{a}|=10$，$\boldsymbol{b}=3\boldsymbol{i}-\boldsymbol{j}+\sqrt{15}\boldsymbol{k}$，又 $\boldsymbol{a}/\!/\boldsymbol{b}$，求 $\boldsymbol{a}$.

9. 已知向量 $\boldsymbol{a}=\boldsymbol{i}+\boldsymbol{j}+\boldsymbol{k}$，$\boldsymbol{b}=\boldsymbol{i}-\boldsymbol{j}$，$\boldsymbol{c}=\boldsymbol{j}+\boldsymbol{k}$，求：

(1) $\boldsymbol{a}\times\boldsymbol{b}$；　　(2) $\boldsymbol{c}\cdot(\boldsymbol{b}\times\boldsymbol{a})$.

10. 已知 $\boldsymbol{a}=\{2,4,-1\}$，$\boldsymbol{b}=\{0,-2,2\}$，求同时垂直于 $\boldsymbol{a}$，$\boldsymbol{b}$ 的单位向量.

11. 设 $\boldsymbol{a}=2\boldsymbol{i}-\boldsymbol{j}+2\boldsymbol{k}$ 与 $\boldsymbol{b}$ 平行，且 $\boldsymbol{a}\cdot\boldsymbol{b}=-36$，求 $\boldsymbol{b}$.

第三节　平面方程

1. 求过点$(1,-1,-1)$且与向量$\boldsymbol{n}=\{-2,1,-1\}$垂直的平面.

2. 求过点$(1,-1,-1)$及 x 轴的平面.

第四节　直线方程

1. 求过原点且与向量$\boldsymbol{s}=\{1,-1,-1\}$平行的直线.

2. 求过点$(1,-1,1)$且与直线$\begin{cases}x+y-z+1=0,\\x-y-2z-2=0\end{cases}$平行的直线.

第五节　曲面与空间曲线

1. 方程组$\begin{cases}\dfrac{y^2}{9}-\dfrac{z^2}{16}=1,\\x=0\end{cases}$表示什么曲线？

2. 求双曲线$\begin{cases}\dfrac{y^2}{25}-\dfrac{z^2}{36}=1,\\x=0\end{cases}$绕$z$轴旋转一周所得的旋转面的方程.

本章选择题

第八章　多元函数微分学

第一节　多元函数的基本概念

1. 已知函数 $f(x,y)=x^2-y^2+2xy\sin\dfrac{x}{y}$，试求 $f(tx,ty)$.

2. 试证函数 $F(x,y)=\ln x\cdot\ln y$ 满足关系式：

$$F(xy,uv)=F(x,u)+F(x,v)+F(y,u)+F(y,v).$$

3. 已知函数 $f(u,v,w)=u^w+w^{u+v}$，试求 $f(x-y,xy,x+y)$.

4. 已知 $z=f(u,v)=u^v$，求 $f\left(\dfrac{x}{y},xy\right)$，$f(x+y,x-y)$.

5. 设函数

$$f(x,y)=\begin{cases}1, & x\geqslant y,\\0, & x<y.\end{cases}$$

求:(1) $f(0,0)$,$f(1,0)$,$f(0,1)$,$f(1,1)$;

(2) $f(x,0)$,$f(0,y)$.

6. 求下列函数的定义域:

(1) $z=3x-2y$;

(2) $z=\dfrac{x+y}{x-y}$;

(3) $z=x+\ln(xy)$;

(4) $z=\ln(y-x^2)$;

(5) $z=\sqrt{1-\dfrac{x^2}{a^2}-\dfrac{y^2}{b^2}}$;

(6) $z=\sqrt{\dfrac{x^2}{a^2}+\dfrac{y^2}{b^2}-1}$;

（7）$z=\arccos\dfrac{y}{x}$；　　（8）$z=\dfrac{1}{\sqrt{R^2-x^2-y^2}}$.

7. 求下列函数的极限：

（1）$\lim\limits_{\substack{x\to 0\\ y\to 1}}(x+y)^{x-y}$；　　（2）$\lim\limits_{\substack{x\to 0\\ y\to 0}}\sin(x+y)$；

（3）$\lim\limits_{\substack{x\to 0\\ y\to 1}}\dfrac{1-xy}{x^2+y^2}$；　　（4）$\lim\limits_{\substack{x\to 0\\ y\to 0}}\dfrac{2-\sqrt{xy+4}}{xy}$；

（5）$\lim\limits_{\substack{x\to 0\\ y\to 0}}\dfrac{xy}{\sqrt{xy+1}-1}$；　　（6）$\lim\limits_{\substack{x\to 2\\ y\to 0}}\dfrac{\sin(xy)}{y}$.

8. 求下列函数的间断点：

（1）$z=\dfrac{x+y}{x-y}$；　　（2）$z=\dfrac{x^2y}{x^2+y^2}$.

第二节 偏导数

1. 设 $z=(1+xy)^y$，求 $z_x(1,1)$ 和 $z_y(1,1)$.

2. 求下列函数的一阶偏导数：

(1) $z=\dfrac{y}{x}$；

(2) $z=\ln\left(\dfrac{1}{\sqrt{x}}+\dfrac{1}{\sqrt{y}}\right)$；

(3) $z=\arctan\dfrac{y}{x}$；

(4) $z=\ln\cos(x-2y)$；

(5) $z=\sqrt{x^2+y^2-2xy}$；

(6) $z=\dfrac{\cos x^2}{y}$；

(7) $z=\dfrac{x+y}{x-y}$；

(8) $z=ye^x\cos y$；

(9) $z=(\sin x)^{\cos y}$；

(10) $z=x+\ln(xy)$.

3. 设 $z=xe^{\frac{y}{x}}$，证明：$x\dfrac{\partial z}{\partial x}+y\dfrac{\partial z}{\partial y}=z$.

4. 证明：函数 $z=\ln(\sqrt{x}+\sqrt{y})$ 满足

$$x\frac{\partial z}{\partial x}+y\frac{\partial z}{\partial y}=\frac{1}{2}.$$

5. 求下列函数的二阶偏导数：

(1) $z=x^3+3x^2y+4y^2$；　　　　(2) $z=y^x$.

6. 设 $u=z\arctan\dfrac{x}{y}$，验证：$\dfrac{\partial^2 u}{\partial x^2}+\dfrac{\partial^2 u}{\partial y^2}+\dfrac{\partial^2 u}{\partial z^2}=0$.

第三节　全微分

1. 求下列函数的全微分：

(1) $z=xy+\frac{x}{y}$；

(2) $z=e^{\frac{y}{x}}$；

(3) $z=\frac{y}{\sqrt{x^2+y^2}}$；

(4) $z=\arcsin(xy)$；

(5) $z=\sqrt{x^2+y^2}$；

(6) $z=e^{x+y}\cos x\sin y$.

2. 求函数 $z=\ln(1+x^2+y^2)$ 在点(1,2)处的全微分.

3. 求函数 $z=\frac{y}{x}$ 当 $x=2,y=1,\Delta x=0.1,\Delta y=-0.2$ 时的全增量和全微分.

第四节　多元复合函数求导法则与隐函数求导法则

1. 应用多元复合函数的求导法则，求下列复合函数的偏导数(或全导数)：

(1) 设 $z=u^2v+uv^2$，$u=\ln x$，$v=e^x$，求 $\frac{dz}{dx}$；

(2) 设 $z=\arctan(xy)$，而 $y=e^x$，求 $\frac{dz}{dx}$；

(3) 设 $z=u^v(u>0)$，$u=\sin x$，$v=\cos x$，求 $\frac{dz}{dx}$；

(4) 设 $z=u^2+v^2$，$u=x+y$，$v=x-y$，求 $\frac{\partial z}{\partial x}$ 和 $\frac{\partial z}{\partial y}$；

(5) 设 $z=u^2\ln v$，$u=\frac{x}{y}$，$v=3x-2y$，求 $\frac{\partial z}{\partial x}$ 和 $\frac{\partial z}{\partial y}$；

(6) 设 $z=\arcsin(u-v)$，而 $u=e^x$，$v=x-y$，求$\frac{\partial z}{\partial x}$和$\frac{\partial z}{\partial y}$；

(7) 设 $z=\arcsin(x-y)$，而 $x=3t$，$y=t^3$，求$\frac{dz}{dt}$；

(8) 设 $z=e^{x-2y}$，而 $x=\sin t$，$y=t^3$，求$\frac{dz}{dt}$.

2. 求下列函数的一阶偏导数：

(1) $z=f(x^2-y^2,e^{xy})$；

(2) $z=f\left(\sqrt{xy},\frac{x}{y}\right)$；

(3) $w=f\left(\frac{x}{y},\frac{y}{z}\right)$；

(4) $w=f(x,xy,xyz)$.

3. 设 $z=f[x+\varphi(y)]$，验证：

$$\frac{\partial z}{\partial x}\frac{\partial^2 z}{\partial x\partial y}=\frac{\partial z}{\partial y}\frac{\partial^2 z}{\partial x^2}.$$

4. 设 $z=\arctan\dfrac{u}{v}$，其中 $u=x+y$，$v=x-y$，验证：

$$\frac{\partial z}{\partial x}+\frac{\partial z}{\partial y}=\frac{x-y}{x^2+y^2}.$$

5. 求下列方程所确定的隐函数的导数或偏导数：

(1) $\sin x+\mathrm{e}^y-xy^2+2=0$，求$\dfrac{\mathrm{d}y}{\mathrm{d}x}$；

(2) $y=x^y$，求$\dfrac{\mathrm{d}y}{\mathrm{d}x}$；

(3) $\mathrm{e}^z-xyz=xy$，求$\dfrac{\partial z}{\partial x}$和$\dfrac{\partial z}{\partial y}$；

(4) $\frac{x}{z}=\ln\frac{z}{y}$，求$\frac{\partial z}{\partial x},\frac{\partial z}{\partial y}$.

6. 由方程 $x+z=yf(x^2-z^2)$确定隐函数 $z=z(x,y)$，验证：

$$z\frac{\partial z}{\partial x}+y\frac{\partial z}{\partial y}=x.$$

7. 设 $z=xy+xF(u)$，而 $u=\frac{y}{x}$，$F(u)$为可导函数，证明：

$$x\frac{\partial z}{\partial x}+y\frac{\partial z}{\partial y}=z+xy.$$

8. 设 $z=\frac{y}{f(x^2-y^2)}$，其中 $f(u)$为可导函数，验证：

$$\frac{1}{x}\frac{\partial z}{\partial x}+\frac{1}{y}\frac{\partial z}{\partial y}=\frac{z}{y^2}.$$

9. 设 $z=f(x^2+y^2)$，其中 f 具有二阶函数，求$\frac{\partial^2 z}{\partial x^2},\frac{\partial^2 z}{\partial x\partial y},\frac{\partial^2 z}{\partial y^2}$.

第五节　偏导数的应用

1. 求曲线 $x=\frac{t}{1+t}, y=\frac{1+t}{t}, z=t^2$ 在对应于 $t=1$ 的点处的切线及法平面的方程.

2. 求曲线 $y^2=2mx, z^2=m-x$ 在点 (x_0, y_0, z_0) 处的切线及法平面的方程.

3. 求曲面 $e^z-z+xy=3$ 在点 $(2,1,0)$ 处的切平面及法线的方程.

4. 求下列函数的极值：

(1) $z=4(x-y)-x^2-y^2$；

(2) $z=(6x-x^2)(4y-y^2)$；

(3) $z=e^{2x}(x+y^2+2y)$；

(4) $z=2xy-3x^2-2y^2$.

5. 用铁皮做一个体积为 V 的无盖长方体箱子，问箱子的尺寸为多少时才能使铁皮用料最省？

6. 将周长为 $2p$ 的矩形绕它的一边旋转而构成一个圆柱体，问矩形的边长各为多少时，才可使圆柱体的体积为最大？

7. 在平面 $3x-2z=0$ 上求一点，使它与点(1,1,1)和(2,3,4)的距离平方和最小.

8. 在周长为 $2p$ 的三角形中，求面积最大者.

9. 求内接于半径为 a 的球且有最大体积的长方体.

10. 抛物面 $z=x^2+y^2$ 被平面 $x+y+z=1$ 截成一椭圆，求原点到该椭圆的最长与最短距离.

第六节　二重积分的概念与性质

1. 设有一平板，占有 xOy 平面上的区域 D，已知平板上的压强分布为 $p(x,y)$，且 $p(x,y)$ 在 D 上连续，试给出平板上的总压力 P 的二重积分的表达式.

2. 设有一平面薄板(不计其厚度)，占有 xOy 平面上的闭区域 D，薄板上分布有面密度为 $\mu=\mu(x,y)$ 的电荷，且 $\mu(x,y)$ 在 D 上连续，试用二重积分表达该板上的全部电荷 Q.

3. 试用二重积分表达下列曲顶柱体的体积，并用不等式组表示曲顶柱体在 xOy 坐标面上的底.

(1) 由平面 $\frac{x}{2}+\frac{y}{3}+\frac{z}{4}=1$，$x=0$，$y=0$，$z=0$ 所围成的立体；

(2) 由椭圆抛物面 $z=2x^2+y^2$，抛物柱面 $y=x^2$ 及平面 $y=4$，$z=0$ 所围成的立体；

（3）由椭圆抛物面 $z=2-(4x^2+y^2)$ 及平面 $z=0$ 所围成的立体；

（4）由上半球面 $z=\sqrt{4-x^2-y^2}$，圆柱面 $x^2+y^2=1$ 及平面 $z=0$ 所围成的立体.

4. 利用二重积分的定义证明：

（1）$\iint\limits_D \mathrm{d}\sigma=\sigma$（其中 σ 为 D 的面积）；

（2）$\iint\limits_D kf(x,y)\mathrm{d}\sigma=k\iint\limits_D f(x,y)\mathrm{d}\sigma$（其中 k 为常数）；

（3）$\iint\limits_D f(x,y)\mathrm{d}\sigma=\iint\limits_{D_1} f(x,y)\mathrm{d}\sigma+\iint\limits_{D_2} f(x,y)\mathrm{d}\sigma$，

其中 $D=D_1\cup D_2$，D_1 和 D_2 为两个无公共内点的闭区域.

5. 利用二重积分的几何意义，不经计算直接给出下列二重积分的值：

(1) $\iint\limits_{D} \mathrm{d}\sigma, D: x^2 + y^2 \leqslant 1$；　　(2) $\iint\limits_{D} \sqrt{R^2 - x^2 - y^2}\,\mathrm{d}\sigma, D: x^2 + y^2 \leqslant R^2$.

6. 根据二重积分的性质，比较下列积分的大小：

(1) $\iint\limits_{D}(x+y)^2\mathrm{d}\sigma$ 与 $\iint\limits_{D}(x+y)^3\mathrm{d}\sigma$，其中积分区域 D 由 x 轴，y 轴及直线 $x+y=1$ 所围成；

(2) $\iint\limits_{D}(x+y)^2\mathrm{d}\sigma$ 与 $\iint\limits_{D}(x+y)^3\mathrm{d}\sigma$，其中积分区域 D 由圆周 $(x-2)^2+(y-1)^2=2$ 所围成；

(3) $\iint\limits_{D}\ln(x+y)\mathrm{d}\sigma$ 与 $\iint\limits_{D}[\ln(x+y)]^2\mathrm{d}\sigma$，其中 D 是三角形闭区域，三个顶点分别为 $(1,0)$，$(1,1)$，$(2,0)$；

(4) $\iint\limits_{D}\ln(x+y)\mathrm{d}\sigma$ 与 $\iint\limits_{D}[\ln(x+y)]^2\mathrm{d}\sigma$，其中 D 是矩形闭区域：$3 \leqslant x \leqslant 5, 0 \leqslant y \leqslant 1$.

第七节　二重积分的计算方法

1. 计算下列二重积分：

(1) $\iint\limits_{D}(2y-x)\mathrm{d}\sigma$，$D$：抛物线 $y=x^2$ 和直线 $y=x+2$ 围成的区域；

(2) $\iint\limits_{D}x^2y\mathrm{d}\sigma$，$D$：矩形闭区域 $1\leqslant x\leqslant 2,1\leqslant y\leqslant 3$；

(3) $\iint\limits_{D}(x^2+y^2)\mathrm{d}\sigma$，$D$：直线 $y=2,y=6,y=x+2,y=x$ 围成的区域；

(4) $\iint\limits_{D}x^2\sin xy\mathrm{d}\sigma$，$D$：直线 $y=0,x=1,y=x$ 围成的区域；

(5) $\iint\limits_{D}(3x+2y)\mathrm{d}\sigma$，$D$：直线 $x=0,y=0,x+y=2$ 围成的区域；

(6) $\iint\limits_D x\cos(x+y)\mathrm{d}\sigma$，$D$：三个顶点分别为$(0,0)$，$(\pi,0)$，$(\pi,\pi)$ 的三角形区域；

(7) $\iint\limits_D \dfrac{x}{y+1}\mathrm{d}\sigma$，$D$：$y=x^2+1$，$y=2x$，$x=0$ 围成的区域；

(8) $\iint\limits_D y\mathrm{e}^{xy}\mathrm{d}\sigma$，$D$：$x=1$，$x=2$，$y=2$，$xy=1$ 围成的区域.

2. 将二重积分$\iint\limits_D f(x,y)\mathrm{d}\sigma$ 化成累次积分，其中 D 是矩形区域：$a\leqslant x\leqslant b$，$c\leqslant y\leqslant d$.

3. 将下列积分交换积分次序：

(1) $\int_0^1\mathrm{d}y\int_0^y f(x,y)\mathrm{d}x$；　　　　(2) $\int_0^2\mathrm{d}y\int_{y^2}^{2y} f(x,y)\mathrm{d}x$；

(3) $\int_1^e dx\int_0^{\ln x} f(x,y)dy$；　　　　(4) $\int_1^2 dx\int_{2-x}^{\sqrt{2x-x^2}} f(x,y)dy$.

4．计算四个平面 $x+y+z=1, x=0, y=0, z=0$ 所围成的四面体的体积.

5．求椭圆抛物面 $z=4-x^2-\dfrac{y^2}{4}$ 与平面 $z=0$ 所围成的立体的体积.

第八节　二重积分的应用

1．求球面 $x^2+y^2+z^2=a^2$ 含在圆柱面 $x^2+y^2=ax$ 内部的那部分面积.

2．求锥面 $z=\sqrt{x^2+y^2}$ 被柱面 $z^2=2x$ 所割下部分的曲面的面积.

3. 求底圆半径相等的两个直交圆柱面 $x^2+y^2=R^2$ 及 $x^2+z^2=R^2$ 所围立体的表面积.

4. 求下列曲面所围成的立体的体积:

(1) $x=0,y=0,z=0,x=2,y=3,x+y+z=4$;

(2) $z=\frac{1}{4}(x^2+y^2),x^2+y^2=8x,z=0$;

(3) $z=x^2+2y^2,z=6-2x^2-y^2$;

(4) $z^2=x^2+y^2,z=\sqrt{8-x^2-y^2}$.

5. 设薄片所占的区域 D 如下,求均匀薄片的重心:

(1) D 由 $y=\sqrt{2px},x=x_0,y=0$ 所围成;

(2) D 是半椭圆形闭区域：$\frac{x^2}{a^2}+\frac{y^2}{b^2}\leqslant 1, y\geqslant 0$；

(3) D 是介于两个圆 $r=a\cos\theta, r=b\cos\theta(0<a<b)$ 之间的闭区域.

6. 设平面薄片所占的闭区域 D 由抛物线 $y=x^2$ 及直线 $y=x$ 所围成，它在点 (x,y) 处的面密度为 $\rho(x,y)=x^2y$，求该薄片的重心.

7. 设有一等腰直角三角形薄片，腰长为 a，各点处的面密度等于该点到直角顶点的距离的平方，求该薄片的重心.

8. 设均匀薄片（面密度为常数 1）所占闭区域 D 如下，求指定的转动惯量：

(1) D：$\frac{x^2}{a^2}+\frac{y^2}{b^2}\leqslant 1$，求 I_y；

(2) D 由抛物线 $y^2=\frac{9}{2}x$ 与直线 $x=2$ 所围成，求 I_x 和 I_y；

(3) D 为矩形闭区域 $0\leqslant x\leqslant a, 0\leqslant y\leqslant b$，求 I_x 和 I_y；

本章选择题

第九章　无穷级数

第一节　无穷级数的概念和性质

1. 写出下列级数的前四项：

(1) $\sum_{n=1}^{\infty}\frac{1+n}{1+n^2}$；　　(2) $\sum_{n=1}^{\infty}\frac{(-1)^n n!}{n^n}$.

2. 写出下列级数的通项：

(1) $1+\frac{1}{3}+\frac{1}{5}+\frac{1}{7}+\cdots$；　　(2) $\frac{2}{1}-\frac{3}{2}+\frac{4}{3}-\frac{5}{4}+\frac{6}{5}-\cdots$；

(3) $-\frac{1}{2}+0+\frac{1}{4}+\frac{2}{5}+\frac{3}{6}+\cdots$；　　(4) $\frac{1}{2}+\frac{3}{5}+\frac{5}{10}+\frac{7}{17}+\cdots$；

(5) $1-\frac{8}{2}+\frac{27}{6}-\frac{64}{24}+\cdots$.

3. 判断下列级数的敛散性：

(1) $\sum\limits_{n=1}^{\infty}5\cdot\frac{1}{a^n}(a>0)$；

(2) $\sum\limits_{n=1}^{\infty}(\sqrt{n+1}-\sqrt{n})$；

(3) $\sum\limits_{n=1}^{\infty}\frac{1}{n+1}$；

(4) $\sum\limits_{n=1}^{\infty}\frac{2+(-1)^n}{2^n}$；

(5) $\sum\limits_{n=1}^{\infty}\ln\frac{n}{n+1}$；

(6) $\sum\limits_{n=1}^{\infty}(-1)^n 2$；

(7) $\sum\limits_{n=1}^{\infty}\left(\frac{n+1}{n}\right)^n$；

(8) $\sum\limits_{n=1}^{\infty}\frac{(-1)^{n-1}n}{2n+1}$.

第二节　常数项级数的审敛法

1. 判断下列正项级数的敛散性：

(1) $\sum\limits_{n=1}^{\infty}\frac{1}{(n+1)(n+2)}$；

(2) $\sum\limits_{n=1}^{\infty}\sqrt{\frac{n}{n+1}}$；

(3) $\sum\limits_{n=1}^{\infty}\frac{n+2}{n(n+1)}$；

(4) $\sum\limits_{n=1}^{\infty}\frac{1}{\sqrt{n(n^2+1)}}$；

(5) $\sum\limits_{n=1}^{\infty}\frac{1}{1+a^n}(a>0)$；

(6) $\sum\limits_{n=1}^{\infty}\frac{1}{a+bn}(a,b>0)$；

(7) $\sum\limits_{n=1}^{\infty}\frac{n+1}{2n^4-1}$；

(8) $\sum\limits_{n=1}^{\infty}(\sqrt{n^2+a}-\sqrt{n^2-a})(a>0)$；

(9) $\sum\limits_{n=1}^{\infty}\frac{3^n}{n\cdot 2^n}$；

(10) $\sum\limits_{n=1}^{\infty}\frac{n^n}{n!}$；

(11) $\sum_{n=1}^{\infty} \frac{3 \cdot 5 \cdot 7 \cdot \cdots \cdot 2(2n+1)}{4 \cdot 7 \cdot 10 \cdot \cdots \cdot (3n+1)}$；　　(12) $\sum_{n=1}^{\infty} \frac{n}{3^n}$；

(13) $\sum_{n=1}^{\infty} \frac{(n!)^2}{2^{n^2}}$；　　(14) $\sum_{n=1}^{\infty} \left(\frac{n}{2n+1}\right)^n$；

(15) $\sum_{n=1}^{\infty} 2^n \sin \frac{\pi}{3^n}$；　　(16) $\sum_{n=1}^{\infty} \frac{n\cos^2 \frac{n\pi}{3}}{2^n}$.

2. 判断下列级数的敛散性，若收敛，试指出是绝对收敛还是条件收敛：

(1) $\sum_{n=1}^{\infty} (-1)^{n-1} \frac{1}{\sqrt{n}}$；　　(2) $\sum_{n=1}^{\infty} \frac{(-1)^n}{n \cdot 2^n}$；

(3) $\sum_{n=1}^{\infty} (-1)^{n-1} \frac{\sqrt{n}}{n+1}$；　　(4) $\sum_{n=1}^{\infty} (-1)^n \left(\frac{2}{3}\right)^n$；

(5) $\sum_{n=1}^{\infty} \frac{\sin \frac{n\pi}{2}}{\sqrt{n^3}}$；　　(6) $\sum_{n=1}^{\infty} \frac{\cos na}{n^3}$；

(7) $\sum_{n=1}^{\infty} (-1)^{n-1} \frac{n+2}{(n+1)\sqrt{n}}$；　　(8) $\sum_{n=1}^{\infty} (-1)^{n-1} \frac{n}{2n-1}$；

(9) $\sum_{n=1}^{\infty} (-1)^{\frac{n(n-1)}{2}} \frac{1}{3^n}$；　　(10) $\sum_{n=1}^{\infty} (-1)^{\frac{n(n-1)}{2}} \frac{\sin \frac{\pi}{n+1}}{\pi^{n+1}}$.

3. 讨论级数$\sum_{n=1}^{\infty} (-1)^{n-1} \frac{1}{n^p}$的敛散性($p>0$且与$n$无关).

第三节　幂级数

1. 求下列幂级数的收敛域：

(1) $\sum\limits_{n=0}^{\infty} nx^n$；

(2) $\sum\limits_{n=1}^{\infty} \frac{x^n}{n}$；

(3) $\sum\limits_{n=1}^{\infty} \frac{n!}{n^n}x^n$；

(4) $\sum\limits_{n=0}^{\infty} \frac{2n+1}{n!}x^n (0! = 1)$；

(5) $\sum\limits_{n=1}^{\infty} \frac{x^n}{2^n n^2}$；

(6) $\sum\limits_{n=0}^{\infty} (-1)^n \frac{x^{2n+1}}{2n+1}$；

(7) $\sum\limits_{n=1}^{\infty} \frac{(x+2)^n}{n2^n}$.

(8) $\sum\limits_{n=1}^{\infty} \frac{2^n}{n}(x-1)^n$；

(9) $\sum\limits_{n=0}^{\infty} n!x^n (0! = 1)$；

(10) $\sum\limits_{n=1}^{\infty} \frac{x^n}{n(n+1)}$；

(11) $\sum\limits_{n=1}^{\infty} \frac{2n-1}{2^n} x^{2n-2}$；

(12) $\sum\limits_{n=1}^{\infty} \frac{(x-2)^{n-1}}{\sqrt{n}}$.

2. 求下列幂级数的和函数：

(1) $\sum\limits_{n=1}^{\infty} (-1)^n \frac{x^n}{n}$，$|x|<1$；

(2) $\sum\limits_{n=1}^{\infty} 2nx^{2n-1}$，$|x|<1$.

3. 利用间接展开法，将下列函数展开成 x 的幂级数，并求其收敛区间.

(1) $a^x (a>0$，且 $a\neq 1)$；

(2) $\ln(2-x)$；

(3) $\frac{1}{(1+x)^2}$；

(4) $(1+x)\ln(1+x)$；

(5) $\sin \frac{x}{2}$；

(6) $\frac{1}{\sqrt{1+x^2}}$；

(7) $\ln(2-x-x^2)$；

(8) $\frac{x}{2x^2+3x-2}$.

4. 将函数 $f(x)=\int_0^x \frac{\sin t}{t}\mathrm{d}t$ 展开成 x 的幂级数.

5. 将函数 $f(x)=\frac{1}{x}$ 展开成 $x-3$ 的幂级数.

6. 将函数 $f(x)=\cos x$ 展开成 $x+\frac{\pi}{3}$ 的幂级数.

7. 将函数 $f(x)=\frac{1}{x^2+3x+2}$ 展开成 $x+4$ 的幂级数.

第四节　傅里叶(Fourier)级数*

1. 证明三角函数系：$1,\cos\omega x,\sin\omega x,\cos2\omega x,\sin2\omega x,\cdots,\cos n\omega x,\sin n\omega x,\cdots$在$\left[-\frac{T}{2},\frac{T}{2}\right]$上具有正交性，其中 $T=\frac{2\pi}{\omega}$.

2. 将下列周期为 2π 的周期函数 $f(x)$展开成傅里叶级数，其中 $f(x)$在$[-\pi,\pi]$上的表达式为：

(1) $f(x)=x$；

(2) $f(x)=\begin{cases}\pi, & -\pi\leqslant x<0,\\ x, & 0\leqslant x<\pi;\end{cases}$

(3) $f(x)=3x^2+1$；

(4) $f(x)=2\sin\frac{x}{3}$；

(5) $f(x)=\frac{\pi-x}{2}$；

(6) $f(x)=|x|$；

(7) $f(x)=\begin{cases}ax, & -\pi\leqslant x<0,\\ bx, & 0\leqslant x<\pi\end{cases}$ (a,b 为不等于零的常数，且 $a\neq b$)；

(8) $f(x)=\begin{cases}0, & -\pi\leqslant x<-\dfrac{\pi}{2},\\ 1, & -\dfrac{\pi}{2}\leqslant x<\dfrac{\pi}{2},\\ 0, & \dfrac{\pi}{2}\leqslant x<\pi.\end{cases}$

3. 将函数 $f(x)=\begin{cases}1, & 0\leqslant x<h,\\ 0, & h<x\leqslant\pi\end{cases}$ 在 $[0,\pi]$ 上展开成正弦级数(h 为常数).

4. 将函数 $\varphi(t)=\dfrac{\pi}{2}-t,0\leqslant t\leqslant\pi$ 展开成正弦级数.

5. 将函数 $f(x)=x-x^2,0\leqslant x\leqslant\pi$ 展开成余弦级数.

本章选择题

参 考 答 案

第一章　一元函数的极限与连续

第一节

1. (1) $[-2,0)\cup(0,2]$； (2) $[-1,2)$； (3) $[0,2]$； (4) $\left[-\frac{1}{3},\frac{1}{2}\right]$.

2. 略.

3. (1) $[-1,1]$； (2) $[-a,1-a]$； (3) $[1,e]$； (4) $\left\{x \middle| k\pi\leqslant x\leqslant k\pi+\frac{\pi}{12},k\in\mathbf{Z}\right\}$.

4. $f(-3)=-1,f(0)=2,f(1)=2$.

5. (1) $y=u^3,u=1-2x$； (2) $y=\ln u,u=\cos x$.

6. 略.

7. 费用 $y=f(x)=\begin{cases}0, & x\leqslant 20,\\ 0.5x-10, & 20<x\leqslant 50,\\ 0.75x-22.5, & x>50.\end{cases}$

第二节

1. 略.

2. $\lim\limits_{x\to1^-}f(x)=1,\lim\limits_{x\to1^+}f(x)=1,\lim\limits_{x\to1}f(x)=1$.

3. $\lim\limits_{x\to1}f(x)$不存在.

4. $\lim\limits_{x\to0^-}f(x)=-1,\lim\limits_{x\to0^+}f(x)=1,\lim\limits_{x\to0}f(x)$不存在.

5. $\lim\limits_{x\to0}f(x)$不存在.

第三节

1. (1) 0； (2) 0.

2. (1) 1； (2) 0； (3) 0； (4) $\frac{2}{3}$； (5) $\frac{1}{4}$； (6) ∞； (7) 2； (8) 2； (9) $-\frac{1}{2}$； (10) 0；(11) ∞； (12) $\frac{1}{4}$.

3. $a=4,b=4$.

第四节

1. (1) 3； (2) $\frac{2}{5}$； (3) 1； (4) e^2； (5) e； (6) e^3.

2. 略.

3. (1) $\frac{3}{2}$； (2) 2； (3) $\frac{1}{4}$； (4) 2； (5) $\frac{1}{2}$； (6) 1.

第五节

1. $x=1$ 为 $f(x)$的第一类间断点,连续区间为 $[0,1)\cup(1,2]$.

2. $k=e^{-1}$.

3. $a=8$.

4. (1) $x=1$ 为第一类间断点; (2) $x=1$ 为第一类间断点,$x=2$ 为第二类间断点.

5. (1) $\ln\left(2\sin\frac{\pi}{3}\right)$; (2) 2; (3) $\frac{1}{2}$; (4) 0.

6. 略.

第二章　导数与微分

第一节

1. (1) 0; (2) m; (3) -1.

2. -9.

3. 27.

4. 不可导,因为 $f'_-(1)\neq f'_+(1)$.

5. 连续,可导.

6. (1) $(x^9)'=9x^8$,$(x^a\cdot x^b)'=(a+b)x^{a+b-1}$,$[(\sqrt[n]{x})^m]'=\frac{m}{n}x^{\frac{m}{n}-1}$; (2) $(\lg x)'=\frac{1}{x}\lg e$,$(\log_9 x)'=\frac{1}{x}\log_9 e$.

第二节

1. (1) $6x-2$; (2) $\frac{1}{\sqrt{x}}+\frac{6}{x^2}$; (3) $2x-\frac{5}{2}x^{-\frac{7}{2}}-9x^{-4}$; (4) $x-\frac{4}{x^3}$.

2. (1) $xe^x(2+x)$; (2) $\frac{2}{(1-x)^2}$; (3) $\frac{x\cos x-\sin x}{x^2}$; (4) $\frac{-\ln x}{x^2}$; (5) $\frac{3^x(x^3\ln x+\ln 3-3x^2)+3x^2}{(x^3+1)^2}$; (6) $(1+\ln x)\sin x+x\cos x\ln x$.

3. $(0,1)$.

4. $a=\frac{1}{2e}$.

5. 均不正确.

6. (1) $-\cos\left(\frac{\pi}{5}-x\right)$; (2) $18(3x+8)^5$; (3) $2x\sec^2(x^2+3)$; (4) $3\sin 2x\sin 4x$; (5) $\frac{2x}{x^4-1}$; (6) $\frac{1}{1+x^2}$; (7) $-\frac{3}{4}\cos\frac{x}{2}\sin x$; (8) $2x\sin\frac{1}{x}-\cos\frac{1}{x}$; (9) $2\sqrt{1-x^2}$; (10) $\frac{x\arccos x-\sqrt{1-x^2}}{(1-x^2)^{\frac{3}{2}}}$; (11) $xe^{-2x}(2\sin 3x-2x\sin 3x+3x\cos 3x)$; (12) $\frac{n\sin x}{\cos^{n+1}x}$; (13) $\sec x$; (14) $\frac{\ln x}{x\sqrt{1+\ln^2 x}}$; (15) $5^{x\ln x}\cdot(\ln x+1)\ln 5$; (16) $\frac{5\left(\arcsin\frac{x}{3}\right)^4}{\sqrt{9-x^2}}$; (17) $\frac{e^x}{1+e^{2x}}$; (18) $\frac{1}{x\ln x\ln(\ln x)}$.

7. 0.

8. (1) $\frac{-2x\sin 2x-y-xye^{xy}}{x^2e^{xy}+x\ln x}$; (2) $\frac{x+y}{x-y}$; (3) $\frac{xy-y^2}{xy+x^2}$; (4) $\frac{y^2-4xy}{2x^2-2xy+3y^2}$.

9. $-1-\frac{\pi}{2}$.

10. (1) $\sqrt{\frac{1-x}{1+x}}\cdot\frac{1-x-x^2}{1-x^2}$； (2) $(\cos x)^{\sin x}\left(\cos x\ln\cos x-\frac{\sin^2 x}{\cos x}\right)$； (3) $\frac{x^2}{1-x}\sqrt[3]{\frac{5-x}{(3+x)^2}}\left[\frac{2}{x}+\frac{1}{1-x}-\frac{1}{3(5-x)}-\frac{2}{3(3+x)}\right]$； (4) $2x^{\sqrt{x}}\left(\frac{\ln x}{2\sqrt{x}}+\frac{1}{\sqrt{x}}\right)$.

11. (1) $2\cos 2x$； (2) $\frac{x}{\sqrt{(x^2-a^2)^3}}$； (3) $e^{-x}(4\sin 2x-3\cos 2x)$； (4) $\frac{2-x^2}{\sqrt{(1+x^2)^5}}$； (5) -2； (6) $\frac{6}{x}$； (7) $\frac{n!}{(1-x)^{n+1}}$； (8) $\frac{2-\ln x}{x\ln^3 x}$.

第三节

1. (1) $\frac{-x}{\sqrt{1-x^2}}\mathrm{d}x$； (2) $6x\mathrm{d}x$； (3) $\frac{1-x^2}{(1+x^2)^2}\mathrm{d}x$； (4) $\frac{1}{2\sqrt{x(1-x)}}\mathrm{d}x$.

2. (1) 0.01； (2) 0.485； (3) 0.100 05； (4) 1.02.

3. 0.033 55 g.

4. (1) $-3x+2y+18=0$； (2) $v(t)=2\sqrt{13}t$, $a(t)=2\sqrt{13}$.

5. $\left(\frac{3\pi}{2}+1,1\right)$.

第三章　微分学的应用

第一节

1. (1) $\xi=0$； (2) $\xi=0.25$.

2. (1) $\xi=\frac{1}{\ln 2}$； (2) $\xi=\frac{5-\sqrt{43}}{3}$.

3. 略.

4. 有三个实根，分别位于(1,2),(2,3),(3,4)内.

第二节

(1) 1； (2) $-\frac{3}{5}$； (3) ∞； (4) 1； (5) $\frac{1}{2}$； (6) 2； (7) ∞； (8) 0； (9) 1； (10) 1.

第三节

1. 略.

2. (1) $(-\infty,0)$单增，$(0,+\infty)$单减； (2) $\left(\frac{1}{2},+\infty\right)$单增，$\left(0,\frac{1}{2}\right)$单减； (3) $(-\infty,+\infty)$单减； (4) $(-\infty,-2)$和$(0,+\infty)$单增，$(-2,-1)$和$(-1,0)$单减.

3. (1) 极小值 $y(0)=0$； (2) 极大值 $y\left(\frac{3}{4}\right)=\frac{5}{4}$； (3) 极小值 $y\left(e^{-\frac{1}{2}}\right)=-\frac{1}{2e}$； (4) 极小值 $y(0)=0$，极大值 $y(2)=4e^{-2}$； (5) 无极值； (6) 极大值 $y(1)=\frac{\pi}{4}-\frac{1}{2}\ln 2$.

4. (1) 最大值 13，最小值 -4； (2) 最大值 1，最小值 0； (3) 最大值 100.01，最小值 2； (4) 最小值 0，最大值 $\frac{1}{2}$.

5. $\frac{1}{6}a$.

6. $\frac{a}{\sqrt{2}}$.

7. $\sqrt{2}:1$.

8. 距司令部 3 km.

9. $v=27.14$ km/h.

第四节

1. (1) $(-\infty,2)$凸,$(2,+\infty)$凹,拐点$(2,3)$； (2) 没有拐点； (3) $(-\infty,2)$凸,$(2,+\infty)$凹,拐点$(2,0)$； (4) $(-\infty,-2)$凸,$(-2,+\infty)$凹,拐点$(-2,-2e^{-2})$.

2. (1) 水平渐近线 $y=0$,垂直渐近线 $x=-3$； (2) 水平渐近线 $y=0$,垂直渐近线 $x=-1$； (3) 垂直渐近线 $x=0$； (4) 水平渐近线 $y=0$,垂直渐近线 $x=0$.

3. 略.

第五节

1. (1) $ds=\sqrt{1+\cos^2 x}dx$； (2) $ds=3a|\sin t\cos t|dt$.

2. (1) $K=\frac{\sqrt{2}}{2}$； (2) $K=\frac{b}{a^2}$.

3. $(0,0)$.

4. $a=\frac{1}{2}$,$b=c=1$.

第四章 不定积分

第一节

1. (1) $8\sqrt{x}-\frac{1}{10}x^{\frac{5}{2}}+C$； (2) $\frac{8}{15}x^{\frac{15}{8}}+C$； (3) $\frac{2\sqrt{h}}{\sqrt{2g}}+C$； (4) $-\frac{1}{x}-2\ln|x|+x+C$； (5) $x^3+\arctan x+C$； (6) $-\frac{1}{x}-\arctan x+C$； (7) $\frac{3^x e^x}{\ln3+1}+C$； (8) $\frac{10^x}{\ln10}+\frac{1}{11}x^{11}+C$； (9) $3x+\frac{4\cdot 3^x}{2^x(\ln3-\ln2)}+C$； (10) $\frac{1}{2}e^{2x}-e^x+x+C$； (11) $\sin x-\cos x+C$； (12) $\tan x-\sec x+C$； (13) $\pm(\sin x-\cos x)+C$； (14) $\frac{1}{2}\tan x+C$； (15) $2x-\sin x-\cot x+C$.

2. $y=\ln x+1$.

3. (1) 27 m； (2) $\sqrt[3]{360}\approx7.11$ (s).

第二节

1. (1) $\frac{1}{7}$； (2) $\frac{1}{6}$； (3) $-\frac{1}{6}$； (4) $-\frac{1}{2}$； (5) 2； (6) $-\frac{1}{5}$； (7) $\frac{1}{2}$； (8) $\frac{1}{5}$； (9) $\frac{1}{2}$； (10) $\frac{1}{2}$； (11) -1.

2. (1) $\frac{1}{6}(3+4x)^{\frac{3}{2}}+C$； (2) $-\frac{1}{2}(2-3x)^{\frac{2}{3}}+C$； (3) $-\frac{1}{2}\cos x^2+C$； (4) $\frac{1}{3}e^{x^3}+C$； (5) $2\sin\sqrt{x}+C$； (6) $-\tan\frac{1}{x}+C$； (7) $-\frac{1}{3(4+x^3)}+C$； (8) $2\arctan\sqrt{x}+C$； (9) $\ln(2+e^x)+C$； (10) $e^x+e^{-x}+C$； (11) $e^{e^x}+C$； (12) $-\frac{1}{3\ln10}10^{-3x+2}+C$； (13) $\frac{1}{2}\ln^2(\ln x)+C$； (14) $\ln|\ln x+1|+C$；

(15) $\frac{2}{3}(1+\ln x)^{\frac{3}{2}}+C$； (16) $\arcsin(\ln x)+C$； (17) $\frac{2}{3}(\arcsin x)^{\frac{3}{2}}+C$； (18) $\frac{1}{3}(\arctan x)^{3}+C$；

(19) $2\sqrt{1+\tan x}+C$； (20) $\frac{1}{2}\arctan(2x-3)+C$； (21) $\frac{1}{4}\ln\left|\frac{x+1}{x+5}\right|+C$； (22) $\ln|x^{2}+2x-10|+C$；

(23) $\frac{1}{2}(\ln\tan x)^{2}+C$； (24) $\frac{\sqrt{2}}{2}\arctan\left(\frac{\tan x}{\sqrt{2}}\right)+C$.

3. (1) $\frac{3}{8}x+\frac{1}{4}\sin 2x+\frac{1}{32}\sin 4x+C$； (2) $\frac{1}{3}\tan^{3}x-\tan x+x+C$； (3) $\frac{1}{14}\sin 7x+\frac{1}{2}\sin x+C$；

(4) $\frac{1}{5}\sin^{5}x-\frac{1}{7}\sin^{7}x+C$.

4. (1) $\frac{2}{5}(x+1)^{\frac{5}{2}}-\frac{2}{3}(x+1)^{\frac{3}{2}}+C$； (2) $\frac{3}{2}\sqrt[3]{(x+2)^{2}}-3\sqrt[3]{x+2}+3\ln|1+\sqrt[3]{x+2}|+C$；

(3) $6(\sqrt[6]{x}-\arctan\sqrt[6]{x})+C$； (4) $2\sqrt[4]{2x+1}+\sqrt{2x+1}+2\ln(\sqrt[4]{2x+1}-1)+C$； (5) $x-2\sqrt{1+x}+2\ln(1+\sqrt{1+x})+C$； (6) $\ln\left|\frac{\sqrt{1-x}-\sqrt{1+x}}{\sqrt{1-x}+\sqrt{1+x}}\right|+2\arctan\sqrt{\frac{1-x}{1+x}}+C$.

5. (1) $\frac{1}{2}\arcsin x+\frac{1}{2}x\sqrt{1-x^{2}}+C$； (2) $\frac{1}{3}\ln|x|-\frac{1}{3}\ln(3+\sqrt{9-x^{2}})+C$； (3) $\frac{1}{2}\ln(2x+\sqrt{4x^{2}+9})+C$； (4) $\frac{x}{\sqrt{1+x^{2}}}+C$； (5) $\arccos\frac{1}{x}+C$； (6) $\sqrt{x^{2}-2}-\sqrt{2}\arccos\frac{\sqrt{2}}{x}+C$；

(7) $\ln(\sqrt{1+e^{x}}-1)-\ln(\sqrt{1+e^{x}}+1)+C$； (8) $2\ln(1+e^{x})-x+C$.

第三节

1. (1) $x\sin x+\cos x+C$； (2) $x\arctan x-\frac{1}{2}\ln(1+x^{2})+C$； (3) $\frac{1}{2}x^{2}(\arctan x)^{2}-x\arctan x+\frac{1}{2}\ln(1+x^{2})+\frac{1}{2}(\arctan x)^{2}+C$； (4) $x\ln(x+\sqrt{1+x^{2}})-\sqrt{x^{2}+1}+C$； (5) $-\frac{1}{4}x\cos 2x+\frac{1}{8}\sin 2x+C$；

(6) $\frac{1}{2}x(\sin\ln x-\cos\ln x)+C$； (7) $\frac{1}{13}e^{3x}(3\cos 2x+2\sin 2x)+C$； (8) $x(\arcsin x)^{2}+2\sqrt{1-x^{2}}\arcsin x-2x+C$； (9) $\tan x\ln\sin x-x+C$； (10) $(\ln\ln x-1)\ln x+C$； (11) $x\ln^{2}x-2x\ln x+2x+C$； (12) $2\sqrt{x}\ln x-4\sqrt{x}+C$； (13) $e^{\arcsin x}(\arcsin x-1)+C$； (14) $\frac{(x-1)e^{\arctan x}}{2\sqrt{1+x^{2}}}+C$； (15) $\frac{1}{2}x+\frac{1}{2}\sqrt{x}\sin 2\sqrt{x}+\frac{1}{4}\cos 2\sqrt{x}+C$；

(16) $2x\sqrt{1+e^{x}}-4\sqrt{1+e^{x}}-2\ln(\sqrt{1+e^{x}}-1)+2\ln(\sqrt{1+e^{x}}+1)+C$； (17) $xf'(x)-f(x)+C$；

(18) $x[\ln^{n}x-n\ln^{n-1}x+n(n-1)\ln^{n-2}x+\cdots+(-1)^{n}\cdot n!]+C$.

2. 提示:用分部积分法进行证明.

第五章 定积分及其应用

第一节

1. (1) 12； (2) $3+\frac{9}{4}\pi$.

2. (1) $\int_{0}^{1}x^{2}\,dx>\int_{0}^{1}x^{3}\,dx$； (2) $\int_{1}^{2}\ln x\,dx>\int_{1}^{2}\ln^{2}x\,dx$； (3) $\int_{0}^{\frac{\pi}{4}}\cos x\,dx>\int_{0}^{\frac{\pi}{4}}\sin x\,dx$； (4) $\int_{0}^{1}(1+x)\,dx<\int_{0}^{1}e^{x}\,dx$.

3. (1) $\frac{\pi}{9}\leqslant\int_{\frac{1}{\sqrt{3}}}^{\sqrt{3}}x\arctan x\,dx\leqslant\frac{2}{3}\pi$； (2) $\frac{3}{4}\pi\leqslant\int_{\frac{\pi}{4}}^{\frac{3\pi}{4}}(1+\sin^{2}x)\,dx\leqslant\pi$.

第二节

1. (1) $\sin x^2$； (2) $-\dfrac{1}{\sqrt{2+x^2}}$； (3) $x^2(2x^3e^{-x^2}-e^{-x})$.

2. $\cot t$.

3. $\dfrac{\cos x}{\sin x-1}$.

4. (1) $\dfrac{1}{2}$； (2) 2.

5. 当 $x=0$ 时，$F(x)$ 有极小值 $F(0)=0$.

6. (1) $\dfrac{29}{6}$； (2) $\dfrac{271}{6}$； (3) $\dfrac{1}{2}(25-\ln 26)$； (4) 36； (5) $\dfrac{11}{6}$； (6) $\dfrac{1}{2}(1-\ln 2)$； (7) $\sqrt{2}-1$；

(8) 1； (9) $\dfrac{2\sqrt{3}}{9}\pi$； (10) $\dfrac{1}{12}$； (11) $\dfrac{4}{5}$； (12) $2\sqrt{2}$.

7. $a=9, f(x)=x\sqrt{x}$.

8. $f'(x)=3x, f(x)=\dfrac{3}{2}x^2-\dfrac{1}{2}$.

9. $\dfrac{17}{16}-\dfrac{\pi}{4}$.

第三节

1. (1) $7+2\ln 2$； (2) $\dfrac{1}{5}\ln 7+\dfrac{4}{5}\ln 2$； (3) $1-\dfrac{\pi}{4}$； (4) $6\sqrt[6]{2}-3\sqrt[3]{2}+2\sqrt{2}-5-6\ln(\sqrt[6]{2}+1)+6\ln 2$；

(5) $\ln\dfrac{2+\sqrt{3}}{1+\sqrt{2}}$； (6) $\dfrac{1}{2}+\dfrac{\pi}{4}$； (7) $\pi-\dfrac{4}{3}$； (8) $\arctan e-\dfrac{\pi}{4}$； (9) 1； (10) $2(\sqrt{3}-1)$.

2. (1) 0； (2) 0； (3) $\dfrac{16}{15}$； (4) $\dfrac{35\pi}{128}$； (5) $\dfrac{\pi^3}{324}$； (6) 0.

3. 略.

4. 提示：利用 $\int_a^{a+l}f(x)dx=\int_a^0 f(x)dx+\int_0^L f(x)dx+\int_l^{a+l}f(x)dx$.

6. (1) $\dfrac{1}{4}(e^2+1)$； (2) $2-\dfrac{2}{e}$； (3) $\dfrac{2}{5}(e^{4\pi}-1)$； (4) $\dfrac{\pi}{4}-\dfrac{\sqrt{3}}{9}\pi+\dfrac{1}{2}\ln\dfrac{3}{2}$； (5) $\pi-2$；

(6) $\dfrac{2m}{2m+1}\cdot\dfrac{2m-2}{2m-1}\cdot\cdots\cdot\dfrac{2}{3}\cdot 1$.

第四节

1. (1) $\dfrac{1}{3}$； (2) 发散； (3) $\ln\dfrac{3}{2}$； (4) π； (5) 2； (6) 2.

2. (1) $-\dfrac{1}{4}$； (2) 发散； (3) 0； (4) $\dfrac{\pi^2}{8}$； (5) $\dfrac{8}{3}$； (6) $\dfrac{\pi}{2}$.

3. 略.

第五节

1. (1) $\dfrac{1}{6}$； (2) $\dfrac{13}{3}$； (3) $2\sqrt{2}$； (4) $\dfrac{37}{12}$； (5) $\dfrac{33}{2}$.

2. $\dfrac{9}{4}$.

3. -2 或 4.

4. $\frac{1}{\sqrt[3]{4}}$.

5. $\frac{8}{3}a^2$.

6. $\frac{3}{8}\pi a^2$.

7. (1) πa^2； (2) $18\pi a^2$； (3) $\frac{1}{4}\pi a^2$； (4) a^2.

8. (1) $\frac{\pi}{5},\frac{\pi}{2}$； (2) $\frac{48}{5}\pi,\frac{24}{5}\pi$； (3) $160\pi^2$.

9. $\frac{2}{3}a^3\tan\alpha$.

10. 0.25 J.

11. $1875\pi\times10^3\times9.8$ J.

12. $kq\left(\frac{1}{a}-\frac{1}{b}\right)$.

13. $(\sqrt{2}-1)$ cm.

14. $\frac{4}{3}\pi R^4$.

15. $\frac{2E_0}{T}$.

第六章　常微分方程

第一节

1. (1) 是,二阶； (2) 不是； (3) 是,一阶； (4) 不是； (5) 是,二阶； (6) 是,二阶.

2. (1) 是； (2) 是； (3) 不是； (4) 是.

第二节

1. (1) 是； (2) 不是； (3) 是； (4) 是； (5) 不是； (6) 是.

2. (1) $y=Ce^{x^2}$； (2) $y=-\cos x+C$； (3) $(1-x)(y+1)=C$； (4) $y=C\sin x$；

(5) $y=2x-1+Ce^{-2x}$； (6) $y=(x+C)e^{-x}$； (7) $y=-\frac{2}{3}+Ce^{\frac{3}{2}x^2}$； (8) $s=(t+C)(1+t^2)$.

3. (1) $y=2x$； (2) $y=\frac{1}{2}(\sin x-\cos x)+\frac{1}{2}e^x$； (3) $y=2e^{2x}(x-1)+3e^x$； (4) $x^2-\frac{1}{e}x^2e^{\frac{1}{x}}$.

第三节

1. $y=-\cos x+C_1x+C_2$.

2. $y=C_1\left(x+\frac{x^3}{3}\right)+C_2$.

3. $y^2=C_1x+C_2$.

第四节

1. (1) $\lambda_1=-1,\lambda_2=-5$； (2) $\lambda_1=\lambda_2=3$； (3) $\lambda_1=0,\lambda_2=-5$； (4) $\lambda=\pm2i$.

2. (1) $y=C_1e^{-2x}+C_2e^{2x}$； (2) $y=(C_1+C_2x)e^{-2x}$； (3) $y=(C_1\cos3x+C_2\sin3x)e^{-2x}$.

3. (1) $y=4e^x+2e^{3x}$； (2) $y=(2+x)e^{-\frac{x}{2}}$.

4. (1) $y^*=x$； (2) $y^*=e^x$； (3) $y^*=\sin x$； (4) $y^*=\left(\frac{3}{2}x^2-3x\right)e^{2x}$； (5) $y^*=\frac{7}{6}$.

5. (1) $y=C_1+C_2e^{-\frac{5}{2}x}+\frac{1}{3}x^3-\frac{9}{10}x^2+\frac{13}{25}x$； (2) $y=C_1e^{3x}+C_2e^{-x}-\frac{1}{4}(x+1)e^x$；

(3) $y=(C_1+C_2x)e^{\frac{1}{2}x}+\frac{5}{2}x^2e^{\frac{1}{2}x}$； (4) $x=-\sin 2t+C_1t+C_2$.

6. (1) $y=\frac{5}{3}e^x-\frac{7}{6}e^{-2x}-x-\frac{1}{2}$； (2) $y=-9e^{-\frac{3}{2}x}+12e^{-\frac{5}{2}x}+xe^{-\frac{3}{2}x}$；

(3) $y=(x^2-x+1)e^x-e^{-x}$； (4) $y=\left(\frac{\pi}{4}-\frac{1}{2}x\right)\cos x$.

第七章　空间解析几何初步

第一节

1. $\boldsymbol{a}+\boldsymbol{b},\boldsymbol{b}-\boldsymbol{a},-\frac{1}{2}(\boldsymbol{a}+\boldsymbol{b}),-\frac{1}{2}(\boldsymbol{a}-\boldsymbol{b}),\frac{1}{2}(\boldsymbol{a}+\boldsymbol{b}),\frac{1}{2}(\boldsymbol{b}-\boldsymbol{a})$.

2. 略.

3. (1) $\{16,0,-20\}$； (2) $\{3m+2n,5m+2n,-m+2n\}$.

4. (1) $3,\frac{2}{3},\frac{2}{3},-\frac{1}{3};\frac{1}{3}(2\boldsymbol{i}+2\boldsymbol{j}-\boldsymbol{k})$； (2) $\sqrt{3},\frac{1}{\sqrt{3}},\frac{1}{\sqrt{3}},\frac{1}{\sqrt{3}};\frac{1}{\sqrt{3}}(\boldsymbol{i}+\boldsymbol{j}+\boldsymbol{k})$.

5. 略.

6. $\boldsymbol{i}-2\boldsymbol{j}+2\boldsymbol{k};\frac{1}{3},-\frac{2}{3},\frac{2}{3}$.

7. $\sqrt{21},\frac{2}{\sqrt{21}},\frac{1}{\sqrt{21}},\frac{4}{\sqrt{21}}$.

8. $(3,2,9)$.

第二节

1. (1) 1； (2) 4； (3) 28.

2. (1) 22； (2) 36； (3) -32.

3. (1) 2； (2) $\frac{2}{\sqrt{41}}$.

4. 略.

5. $\frac{3}{4}\pi$.

6. $\pm\{6\sqrt{2},8\sqrt{2},0\}$.

7. (1) $-\boldsymbol{i}+3\boldsymbol{j}+5\boldsymbol{k}$； (2) $2\boldsymbol{i}-6\boldsymbol{j}-10\boldsymbol{k}$.

8. $\pm(6\boldsymbol{i}-2\boldsymbol{j}-2\sqrt{15}\boldsymbol{k})$.

9. (1) $\boldsymbol{i}+\boldsymbol{j}-2\boldsymbol{k}$； (2) 1.

10. $\pm\frac{1}{\sqrt{17}}(3\boldsymbol{i}-2\boldsymbol{j}-2\boldsymbol{k})$.

11. $\{-8,4,-8\}$.

第三节

1. $2x-y+z-2=0$.

2. $y=z$.

第四节

1. $\frac{x}{1}=\frac{y}{-1}=\frac{z}{-1}$.

2. $\frac{x-1}{-3}=\frac{y+1}{1}=\frac{z-1}{-2}$.

第五节

1. yOz 平面上的双曲线$\frac{y^2}{9}-\frac{z^2}{16}=1$.

2. $\frac{x^2}{25}+\frac{y^2}{25}-\frac{z^2}{36}=1$.

第八章　多元函数微分学

第一节

1. $t^2 f(x,y)$.

2. 略.

3. $(x+y)^{xy}+(xy)^{2x}$.

4. $\left(\frac{x}{y}\right)^{xy}$，$(x+y)^{x-y}$.

5. (1) 1,1,0,1；(2) $f(x,0)=\begin{cases}1, & x\geqslant 0,\\ 0, & x<0,\end{cases}$ $f(0,y)=\begin{cases}1, & y\leqslant 0,\\ 0, & y>0.\end{cases}$

6. (1) $\{(x,y)\mid x\in\mathbf{R},y\in\mathbf{R}\}$；(2) $\{(x,y)\mid x\neq y\}$；(3) $\{(x,y)\mid xy>0\}$；(4) $\{(x,y)\mid y>x^2\}$；(5) $\left\{(x,y)\left|\frac{x^2}{a^2}+\frac{y^2}{b^2}\leqslant 1\right.\right\}$；(6) $\left\{(x,y)\left|\frac{x^2}{a^2}+\frac{y^2}{b^2}\geqslant 1\right.\right\}$；(7) $\left\{(x,y)\left|\left|\frac{y}{x}\right|\leqslant 1\right.\right\}$；(8) $\{(x,y)\mid x^2+y^2<R^2\}$.

7. (1) 1；(2) 0；(3) 1；(4) $-\frac{1}{4}$；(5) 2；(6) 2.

8. (1) $\{(x,y)\mid x=y\}$；(2) $\{(0,0)\}$.

第二节

1. 1，$2\ln 2+1$.

2. (1) $z_x=-\frac{y}{x^2}$，$z_y=\frac{1}{x}$；(2) $z_x=-\frac{\sqrt{y}}{2x(\sqrt{x}+\sqrt{y})}$，$z_y=-\frac{\sqrt{x}}{2y(\sqrt{x}+\sqrt{y})}$；(3) $z_x=-\frac{y}{x^2+y^2}$，$z_y=\frac{x}{x^2+y^2}$；(4) $z_x=-\tan(x-2y)$，$z_y=2\tan(x-2y)$；(5) $z_x=\frac{x-y}{\sqrt{x^2+y^2-2xy}}$，$z_y=\frac{y-x}{\sqrt{x^2+y^2-2xy}}$；(6) $z_x=-\frac{2x\sin x^2}{y}$，$z_y=-\frac{\cos x^2}{y^2}$；(7) $z_x=\frac{-2y}{(x-y)^2}$，$z_y=\frac{2x}{(x-y)^2}$；(8) $z_x=y\mathrm{e}^x\cos y$，$z_y=\mathrm{e}^x(\cos y-y\sin y)$；(9) $z_x=\cos y\cos x(\sin x)^{\cos y-1}$，$z_y=-(\sin x)^{\cos y}\sin y\ln\sin x$；(10) $z_x=1+\frac{1}{x}$，$z_y=\frac{1}{y}$.

3. 略.

4. 略.

5. (1) $z_{xx}=6x+6y$，$z_{yy}=8$，$z_{xy}=z_{yx}=6x$；(2) $z_{xx}=y^x\ln^2 y$，$z_{yy}=x(x-1)y^{x-2}$，$z_{xy}=z_{yx}=y^{x-1}\cdot(x\ln y+1)$.

6. 略.

第三节

1. (1) $\left(y+\frac{1}{y}\right)dx+x\left(1-\frac{1}{y^2}\right)dy$； (2) $-\frac{1}{x}e^{\frac{y}{x}}\left(\frac{y}{x}dx-dy\right)$； (3) $-\frac{x}{(x^2+y^2)^{\frac{3}{2}}}(ydx-xdy)$；
(4) $\frac{ydx+xdy}{\sqrt{1-x^2y^2}}$； (5) $\frac{x}{\sqrt{x^2+y^2}}dx+\frac{y}{\sqrt{x^2+y^2}}dy$； (6) $e^{x+y}[(\cos x-\sin x)\sin y dx+(\cos y+\sin y)\cos x dy]$.

2. $\frac{1}{3}dx+\frac{2}{3}dy$.

3. $\Delta z=-0.119, dz=-0.125$.

第四节

1. (1) $2e^{2x}\ln x+e^x(\ln x)^2+\frac{e^{2x}+2e^x\ln x}{x}$； (2) $\frac{e^x(1+x)}{1+x^2e^{2x}}$； (3) $\cos^2 x(\sin x)^{\cos x-1}-\ln\sin x(\sin x)^{\cos x+1}$；
(4) $\frac{\partial z}{\partial x}=4x,\frac{\partial z}{\partial y}=4y$； (5) $\frac{\partial z}{\partial x}=\frac{2x}{y^2}\ln(3x-2y)+\frac{3x^2}{(3x-2y)y^2},\frac{\partial z}{\partial y}=-\frac{2x^2}{y^3}\ln(3x-2y)-\frac{2x^2}{(3x-2y)y^2}$；
(6) $\frac{\partial z}{\partial x}=\frac{e^x-1}{\sqrt{1-(e^x-x+y)^2}},\frac{\partial z}{\partial y}=\frac{1}{\sqrt{1-(e^x-x+y)^2}}$； (7) $\frac{3(1-t^2)}{\sqrt{1-(3t-t^3)^2}}$； (8) $e^{\sin t-2t^3}(\cos t-6t^2)$.

2. (1) $\frac{\partial z}{\partial x}=2xf'_1+ye^{xy}f'_2,\frac{\partial z}{\partial y}=-2yf'_1+xe^{xy}f'_2$； (2) $\frac{\partial z}{\partial x}=\frac{1}{2}\sqrt{\frac{y}{x}}f'_1+\frac{1}{y}f'_2,\frac{\partial z}{\partial y}=\frac{1}{2}\sqrt{\frac{x}{y}}f'_1-\frac{x}{y^2}f'_2$； (3) $\frac{\partial w}{\partial x}=\frac{1}{y}f'_1,\frac{\partial w}{\partial y}=-\frac{x}{y^2}f'_1+\frac{1}{z}f'_2,\frac{\partial w}{\partial z}=-\frac{y}{z^2}f'_2$； (4) $\frac{\partial w}{\partial x}=f'_1+yf'_2+yzf'_3,\frac{\partial w}{\partial y}=xf'_2+xzf'_3,\frac{\partial w}{\partial z}=xyf'_3$.

3. 略.

4. 略.

5. (1) $\frac{y^2-\cos x}{e^y-2xy}$； (2) $\frac{y^2}{x-x\ln y}$； (3) $\frac{\partial z}{\partial x}=\frac{yz+y}{e^z-xy},\frac{\partial z}{\partial y}=\frac{xz+x}{e^z-xy}$； (4) $\frac{\partial z}{\partial x}=\frac{z}{x+z},\frac{\partial z}{\partial y}=\frac{z^2}{y(x+z)}$.

6. 略.

7. 略.

8. 略.

9. $\frac{\partial^2 z}{\partial x^2}=2f'+4x^2f'',\frac{\partial^2 z}{\partial x\partial y}=4xyf'',\frac{\partial^2 z}{\partial y^2}=2f'+4y^2f''$.

第五节

1. 切线方程$\frac{x-\frac{1}{2}}{1}=\frac{y-2}{-4}=\frac{z-1}{8}$,法平面方程 $2x-8y+16z-1=0$.

2. 切线方程$\frac{x-x_0}{1}=\frac{y-y_0}{\frac{m}{y_0}}=\frac{z-z_0}{-\frac{1}{2z_0}}$,法平面方程$(x-x_0)+\frac{m}{y_0}(y-y_0)-\frac{1}{2z_0}(z-z_0)=0$.

3. 切平面方程 $x+2y-4=0$,法线方程$\begin{cases}\frac{x-2}{1}=\frac{y-1}{2},\\ z=2.\end{cases}$

4. (1) 极大值 $f(2,-2)=8$； (2) 极大值 $f(3,2)=36$； (3) 极小值 $f\left(\frac{1}{2},-1\right)=-\frac{e}{2}$； (4) 极大值 $f(0,0)=0$.

5. 当且仅当箱子底面为正方形,其边长为 $\sqrt[3]{2V}$、高为$\frac{\sqrt[3]{V}}{\sqrt[3]{4}}$时,用料最少.

6. 当矩形的边长为$\frac{2}{3}p$及$\frac{1}{3}p$时，绕短边旋转所得圆柱体的体积最大.

7. $\left(\frac{21}{13},2,\frac{63}{26}\right)$.

8. 以等边三角形面积最大.

9. 当长、宽、高都是$\frac{2a}{\sqrt{3}}$时，可得最大的体积.

10. 最长距离为$\sqrt{9+5\sqrt{3}}$，最短距离为$\sqrt{9-5\sqrt{3}}$.

第六节

1. $\iint\limits_D p(x,y)\mathrm{d}\sigma$.

2. $\iint\limits_D \mu(x,y)\mathrm{d}\sigma$.

3. (1) $V=\iint\limits_D 4\left(1-\frac{x}{2}-\frac{y}{3}\right)\mathrm{d}\sigma, D:0\leqslant x\leqslant 2, 0\leqslant y\leqslant 3\left(1-\frac{x}{2}\right)$； (2) $V=\iint\limits_D(2x^2+y^2)\mathrm{d}\sigma$, $D:-2\leqslant x\leqslant 2, x^2\leqslant y\leqslant 4$； (3) $V=\iint\limits_D(2-4x^2-y^2)\mathrm{d}\sigma, D:-\frac{\sqrt{2}}{2}\leqslant x\leqslant\frac{\sqrt{2}}{2}, -\sqrt{2-4x^2}\leqslant y\leqslant\sqrt{2-4x^2}$； (4) $V=\iint\limits_D\sqrt{4-x^2-y^2}\mathrm{d}\sigma, D:-1\leqslant x\leqslant 1, -\sqrt{1-x^2}\leqslant y\leqslant\sqrt{1-x^2}$.

4. 略.

5. (1) π； (2) $\frac{2}{3}\pi R^3$.

6. (1) $\iint\limits_D(x+y)^2\mathrm{d}\sigma\geqslant\iint\limits_D(x+y)^3\mathrm{d}\sigma$； (2) $\iint\limits_D(x+y)^2\mathrm{d}\sigma\leqslant\iint\limits_D(x+y)^3\mathrm{d}\sigma$； (3) $\iint\limits_D\ln(x+y)\mathrm{d}\sigma\geqslant\iint\limits_D[\ln(x+y)]^2\mathrm{d}\sigma$； (4) $\iint\limits_D\ln(x+y)\mathrm{d}\sigma\leqslant\iint\limits_D[\ln(x+y)]^2\mathrm{d}\sigma$.

第七节

1. (1) $\frac{243}{20}$； (2) $\frac{28}{3}$； (3) 224； (4) $\frac{1-\sin 1}{2}$； (5) $\frac{20}{3}$； (6) $-\frac{3}{2}\pi$； (7) $\frac{9}{8}\ln 3-\ln 2-\frac{1}{2}$； (8) $\frac{1}{2}\mathrm{e}^4-\mathrm{e}^2$.

2. $\iint\limits_D f(x,y)\mathrm{d}\sigma=\int_a^b\mathrm{d}x\int_c^d f(x,y)\mathrm{d}y=\int_c^d\mathrm{d}y\int_a^b f(x,y)\mathrm{d}x$.

3. (1) $\int_0^1\mathrm{d}x\int_x^1 f(x,y)\mathrm{d}y$； (2) $\int_0^4\mathrm{d}x\int_{\frac{x}{2}}^{\sqrt{x}} f(x,y)\mathrm{d}y$； (3) $\int_0^1\mathrm{d}y\int_{\mathrm{e}^y}^{\mathrm{e}} f(x,y)\mathrm{d}x$； (4) $\int_0^1\mathrm{d}y\int_{2-y}^{1+\sqrt{1-y^2}} f(x,y)\mathrm{d}x$.

4. $\frac{1}{6}$.

5. 6π.

第八节

1. $2a^2(\pi-2)$.

2. $\sqrt{2}\pi$.

3. $16R^2$.

4. (1) 9； (2) 96π； (3) 6π； (4) $\frac{32}{3}\pi(\sqrt{2}-1)$.

5. (1) $\overline{x}=\dfrac{3}{5}x_0,\overline{y}=\dfrac{3}{8}y_0$； (2) $\overline{x}=0,\overline{y}=\dfrac{4b}{3\pi}$； (3) $\overline{x}=\dfrac{a^2+ab+b^2}{2(a+b)},\overline{y}=0$.

6. $\overline{x}=\dfrac{35}{48},\overline{y}=\dfrac{35}{54}$.

7. $\overline{x}=\dfrac{2}{5}a,\overline{y}=\dfrac{2}{5}a$.

8. (1) $I_y=\dfrac{1}{4}\pi a^3 b$； (2) $I_x=\dfrac{72}{5},I_y=\dfrac{96}{7}$； (3) $I_x=\dfrac{1}{3}ab^3,I_y=\dfrac{1}{3}a^3 b$.

第九章　无穷级数

第一节

1. (1) $\dfrac{1+1}{1+1^2}+\dfrac{1+2}{1+2^2}+\dfrac{1+3}{1+3^2}+\dfrac{1+4}{1+4^2}$； (2) $\dfrac{-1}{1^1}+\dfrac{2!}{2^2}-\dfrac{3!}{3^3}+\dfrac{4!}{4^4}$.

2. (1) $a_n=\dfrac{1}{2n-1}$； (2) $a_n=(-1)^{n-1}\dfrac{n+1}{n}$； (3) $\dfrac{n-2}{n+1}$； (4) $\dfrac{2n-1}{n^2+1}$； (5) $(-1)^{n+1}\dfrac{n^3}{n!}$.

3. (1) $a>1$ 收敛，$0<a\leqslant 1$ 发散； (2) 发散； (3) 发散； (4) 收敛； (5) 发散； (6) 发散； (7) 发散； (8) 发散.

第二节

1. (1) 收敛； (2) 发散； (3) 发散； (4) 收敛； (5) $a>1$ 收敛，$0<a\leqslant 1$ 发散； (6) 发散； (7) 收敛； (8) 发散； (9) 发散； (10) 发散； (11) 收敛； (12) 收敛； (13) 收敛； (14) 发散； (15) 发散； (16) 收敛.

2. (1) 条件收敛； (2) 绝对收敛； (3) 条件收敛； (4) 绝对收敛； (5) 绝对收敛； (6) 绝对收敛； (7) 条件收敛； (8) 条件收敛； (9) 绝对收敛； (10) 绝对收敛.

3. 当 $0<p\leqslant 1$ 时，条件收敛；当 $p>1$ 时，绝对收敛.

第三节

1. (1) $(-1,1)$； (2) $(-\infty,+\infty)$； (3) $(-e,e)$； (4) $(-\infty,+\infty)$； (5) $[-2,2]$； (6) $[-1,1]$； (7) $[-4,0]$； (8) $\left[\dfrac{1}{2},\dfrac{3}{2}\right)$； (9) $x=0$； (10) $[-1,1]$； (11) $(-\sqrt{2},\sqrt{2})$； (12) $[1,3]$.

2. (1) $-\ln(1+x)$； (2) $\dfrac{2x}{(1-x^2)^2}$.

3. (1) $a^x=\sum\limits_{n=0}^{\infty}\dfrac{(x\ln a)^n}{n!},(-\infty,+\infty)$； (2) $\ln(2-x)=\ln 2-\sum\limits_{n=0}^{\infty}\dfrac{1}{n+1}\left(\dfrac{x}{2}\right)^{n+1},[-2,2)$； (3) $\dfrac{1}{(1+x)^2}=\sum\limits_{n=0}^{\infty}(-1)^n(n+1)x^n,(-1,1)$； (4) $(1+x)\ln(1+x)=x+\sum\limits_{n=2}^{\infty}\dfrac{(-1)^n}{n(n-1)}x^n,(-1,1)$； (5) $\sin\dfrac{x}{2}=\sum\limits_{n=0}^{\infty}\dfrac{(-1)^n}{(2n+1)!}\left(\dfrac{x}{2}\right)^{2n+1},(-\infty,+\infty)$； (6) $\dfrac{1}{\sqrt{1+x^2}}=1+\sum\limits_{n=1}^{\infty}(-1)^n\dfrac{1\cdot 3\cdot 5\cdot\cdots\cdot(2n-1)}{2^n\cdot n!}x^{2n}$，$(-1,1)$； (7) $\ln(2-x-x^2)=\ln 2+\sum\limits_{n=0}^{\infty}\dfrac{(-1)^n-2^{n+1}}{2^{n+1}(n+1)}x^{n+1},[-1,1)$； (8) $\dfrac{x}{2x^2+3x-2}=\dfrac{1}{5}\sum\limits_{n=0}^{\infty}\left[\dfrac{(-1)^n}{2^n}-2^n\right]x^n$，$\left(-\dfrac{1}{2},\dfrac{1}{2}\right)$.

4. $f(x)=\sum\limits_{n=0}^{\infty}\dfrac{(-1)^n}{(2n+1)(2n+1)!}x^{2n+1},(-\infty,+\infty)$.

5. $\dfrac{1}{x}=\dfrac{1}{3}\sum\limits_{n=0}^{\infty}\dfrac{(-1)^n}{3^n}(x-3)^n,(0,6)$.

6. $\cos x=\frac{1}{2}\sum_{n=0}^{\infty}\frac{(-1)^n}{(2n)!}\left(x+\frac{\pi}{3}\right)^{2n}+\frac{\sqrt{3}}{2}\sum_{n=0}^{\infty}\frac{(-1)^n}{(2n+1)!}\left(x+\frac{\pi}{3}\right)^{2n+1}$，$(-\infty,+\infty)$.

7. $\frac{1}{x^2+3x+2}=\sum_{n=0}^{\infty}\left(\frac{1}{2^{n+1}}-\frac{1}{2^{n+1}}\right)(x+4)^n$，$(-6,-2)$.

第四节

1. 略.

2. (1) $x=2\sum_{n=1}^{\infty}\frac{(-1)^{n+1}}{n}\sin nx(-\infty<x<+\infty,x\neq(2k+1)\pi,k=0,\pm1,\cdots)$； (2) $f(x)=\frac{3}{4}\pi-\frac{2}{\pi}\sum_{n=1}^{\infty}\frac{\cos(2n-1)x}{(2n-1)}-\sum_{n=1}^{\infty}\frac{1}{n}\sin nx(-\infty<x<+\infty,x\neq k\pi,k=0,\pm1,\cdots)$； (3) $3x^2+1=\pi^2+1+12\sum_{n=1}^{\infty}\frac{(-1)^n}{n^2}\cos nx(-\infty<x<+\infty)$； (4) $2\sin\frac{x}{3}=\frac{18\sqrt{3}}{\pi}\sum_{n=1}^{\infty}\frac{(-1)^n n}{1-9n^2}\sin nx(-\infty<x<+\infty,x\neq(2k+1)\pi,k=0,\pm1,\cdots)$； (5) $\frac{\pi-x}{2}=\frac{\pi}{2}+\sum_{n=1}^{\infty}\frac{(-1)^n}{n}\sin nx(-\infty<x<+\infty,x\neq(2k+1)\pi,k=0,\pm1,\cdots)$； (6) $|x|=\frac{\pi}{2}-\frac{4}{\pi}\sum_{n=1}^{\infty}\frac{\cos(2n-1)x}{(2n-1)^2}(-\infty<x<+\infty)$； (7) $f(x)=\frac{4}{\pi}(b-a)-\frac{2}{\pi}(b-a)\cdot\sum_{n=1}^{\infty}\frac{\cos(2n-1)x}{(2n-1)^2}+(b+a)\sum_{n=1}^{\infty}\frac{(-1)^{n+1}}{n}\sin nx(-\infty<x<+\infty,x\neq(2k+1)\pi,k=0,\pm1,\cdots)$；
(8) $f(x)=\frac{1}{2}+\frac{2}{\pi}\sum_{n=1}^{\infty}\frac{1}{n}\sin\frac{n\pi}{2}\cos nx\left(-\infty<x<+\infty,x\neq(2k+1)\frac{\pi}{2},k=0,\pm1,\cdots\right)$.

3. $\frac{2}{\pi}\sum_{n=1}^{\infty}\frac{1-\cos hn}{n}\sin nx$，$x\in(0,\pi]$，$x\neq h$.

4. $\frac{\pi}{2}-t=\sum_{n=1}^{\infty}\frac{1}{n}\sin 2nt$，$t\in(0,\pi)$.

5. $x-x^2=\frac{1}{2}\left(\pi-\frac{2}{3}\pi^2\right)+\frac{2}{\pi}\sum_{n=1}^{\infty}\frac{1}{n^2}[(-1)^n-1+2\pi(-1)^{n+1}]\cos nx$，$x\in[0,\pi]$.